IOO
DESCUBRIMIENTOS
QUE CAMBIARON LA HISTORIA
QUIÉN HIZO QUÉ Y CUÁNDO

© 2021, Editorial LIBSA
C/ San Rafael, 4 bis, local 18
28108 Alcobendas. Madrid
Tel. (34) 91 657 25 80
e-mail: libsa@libsa.es
www.libsa.es

ISBN: 978-84-662-4029-1

Derechos exclusivos de edición para todos los países de habla española.

Traducción y edición: Alberto Jiménez García

Título original: *Earth Sciences. An Illustrated History of Planetary Science*

© MMXIX, Shelter Harbor Press. Todos los derechos reservados

DL: M 2054-2021

CIENCIAS DE LA TIERRA

UNA HISTORIA ILUSTRADA DE LAS CIENCIAS DEL PLANETA

Tom Jackson

LIBSA

Contenido

Introducción

¿QUÉ MEJOR MATERIA DE ESTUDIO QUE LA DE LA PROPIA TIERRA? NO ES YA QUE SEA NUESTRO HOGAR, SINO QUE ESTÁ REPLETA DE INNUMERABLES MARAVILLAS, DEMASIADAS PARA PONER UN CIFRA. Además, un científico dispone de un amplio abanico de materias que abordar. Puede profundizar en los misterios de los abismos oceánicos, investigar fenómenos meteorológicos destructivos como los huracanes o los tornados, o buscar pruebas sólidas sobre las rocas que pisamos.

Los pensamientos y los actos de los grandes pensadores siempre generan grandes historias, y aquí tenemos 100 reunidas. Cada historia relata un problema real y de peso, que provocó un gran avance y cambió la forma en que entendemos el planeta, sus océanos y la atmósfera. Al comprender la Tierra, también aprendemos más sobre el resto del universo. Sin embargo, el conocimiento no llega de una pieza. Tenemos que trabajarlo, valorar las pruebas y ofrecer nuestra opinión sobre lo que es verdadero y lo que no.

LO QUE SE NECESITA

La historia de las ciencias de la Tierra comienza cuando dio inicio la misma ciencia. Los primeros pensadores que querían entender todo lo que había que saber comenzaron con lo que veían a su alrededor: las rocas de la Tierra, el agua de los océanos y el aire y los vientos del cielo. Este tipo de pensamiento acabó por poner los cimientos de ciencias como la física o la química, que luego proporcionarían una comprensión fundamental para todos los campos, pero en especial para las ciencias de la Tierra. En cualquier caso, los investigadores ya trazaban sus propias áreas de especialización.

Como es normal, los primeros estudios nacieron de la necesidad de obtener beneficios prácticos del conocimiento, por lo que desde China hasta el Mediterráneo, los primeros «hombres del tiempo» del mundo comenzaron a lanzar sus predicciones. Mientras tanto, apareció un interés en conocer las rocas, ya que encontrar gemas y minerales valiosos siempre ha proporcionado réditos.

Este mapa de Gran Bretaña de 1815 muestra las capas de tipos de rocas que componen la isla. Fue un primer paso para descubrir las diferentes maneras en que se forman las rocas y revelar la edad de la Tierra.

En 1755, un terremoto y su posterior maremoto destruyeron Lisboa (Portugal). Las ciencias de la Tierra tratan con fuerzas que se escapan de nuestra comprensión y que son muy destructivas.

Mapa de Estrabón de su mundo conocido en el siglo I, que comprendía hasta la India hacia el este y hasta Portugal en el oeste. Aún quedaba mucho por descubrir...

Izquierda: en 1802, Luke Howard creó el sistema que aún empleamos para clasificar las nubes. En la imagen vemos un cumuloestrato.

Derecha: los miembros de la expedición Southern Cross de 1898 fueron los primeros en vivir los inviernos antárticos.

Por otros lado, Eratóstenes utilizó las matemáticas para calcular el tamaño del planeta. No estaba muy equivocado, pese a trabajar hace 2 200 años con una columna que proyectaba una larga sombra por todo equipo. Unos siglos más tarde, geógrafos como Estrabón y Piteas se propusieron describir el mundo en toda su riqueza. Y al principio era pequeño, pero con el tiempo creció en tamano. Los marinos contaban grandes historias sobre tierras lejanas, y algunos exploradores como Leif Erikson, Zheng He y Ferdinand Magellan arriesgaron su vida y sus extremidades para ponerlos en el mapa.

MUCHAS CIENCIAS JUNTAS

A finales del siglo XVI, el mapa terrestre estaba casi completo. Pero todavía había muchas preguntas sobre cómo surgió, de qué estaba hecho y si estaba cambiando. Las respuestas apenas comenzaban a surgir. Pronto, las ciencias de la Tierra se delinearían claramente en un conjunto de disciplinas separadas: los meteorólogos estudian los efectos atmosféricos, sobre todo el clima.

Los climatólogos tienen una visión más amplia y se preguntan cómo varían de año en año, o de siglo en siglo, las condiciones en la Tierra, y que en ocasiones derivan en glaciaciones. Por otro lado, los oceanógrafos sondean las profundidades para descubrir qué hay en el fondo del mar. La geología, el estudio de la Tierra misma, se dividió en mineralogía y petrología, que busca comprender las sustancias químicas que existen de manera natural y cómo se forman las rocas. Los geodicistas hacen mediciones exactas de la forma de la Tierra –no es tan redonda como se podría pensar–, mientras que los geofísicos quieren conocer las características a gran escala del planeta (las montañas, los casquetes de hielo, los cañones y los abismos del océano) para saber cómo funciona el sistema global. Dos campos de estudio que han ofrecido conocimientos excepcionales a estos problemas generales son la sismología y la paleontología. La primera, literalmente, escucha al planeta; usa las ondas sísmicas que suenan como un eco interno para construir una imagen detallada del interior de la Tierra. La segunda –para el común de los mortales, la caza de fósiles –, nos permite fechar rocas y compararlas y contrastarlas con otras de diferentes partes del mundo y diferentes épocas en la larga historia del planeta. Es una herramienta potente para escribir la historia de la Tierra. Ya lo dijo en 1830 Charles Lyell, una figura destacada en el asentamiento de las ciencias de la Tierra actuales. Dijo: «El presente es la clave del pasado». Si miramos lo que sucede ahora en la Tierra, entenderemos lo que le sucedió en el pasado. E igual de importante, podremos predecir con seguridad lo que le aguarda a la Tierra y a todos nosotros.

El vehículo explorador Rosalind Franklin será la primera plataforma de perforación en Marte, lo que supondrá sacar, literalmente, las ciencias de la Tierra de nuestro planeta.

Anatomía de la Tierra

El mayor entre los planetas rocosos de nuestro Sistema Solar, la Tierra orbita alrededor del Sol una vez al año (365 días) y gira de oeste a este cada 24 horas, alrededor de un eje norte-sur. Si bien los polos son estacionarios en relación con este eje, las regiones ecuatoriales se mueven a más de 1 600 km /h.

Un planeta por capas

Formada hace 4 500 millones de años, la Tierra se diferenció en capas; los metales más pesados quedaron más dentro que las rocas más ligeras. La temperatura sube según la profundidad: el núcleo interior se encuentra a 4 700 °C.

Capas atmosféricas
(más en la página 77):

Exosfera

Termosfera

Mesosfera

Estratosfera

Troposfera

Manto superior
(roca sólida)
Distancia hasta
la superficie:
5–70 km

Manto inferior
(roca sólida)
Distancia hasta
la superficie:
2 990 km

Núcleo externo
(metal líquido)
Distancia hasta
la superficie:
5 150 km

Núcleo interno
(metal sólido)
Distancia hasta
la superficie:
6 370 km

(más en la
página 87)

Corteza continental
Grosor: hasta 70 km

Corteza oceánica:
Grosor: hasta 5 km

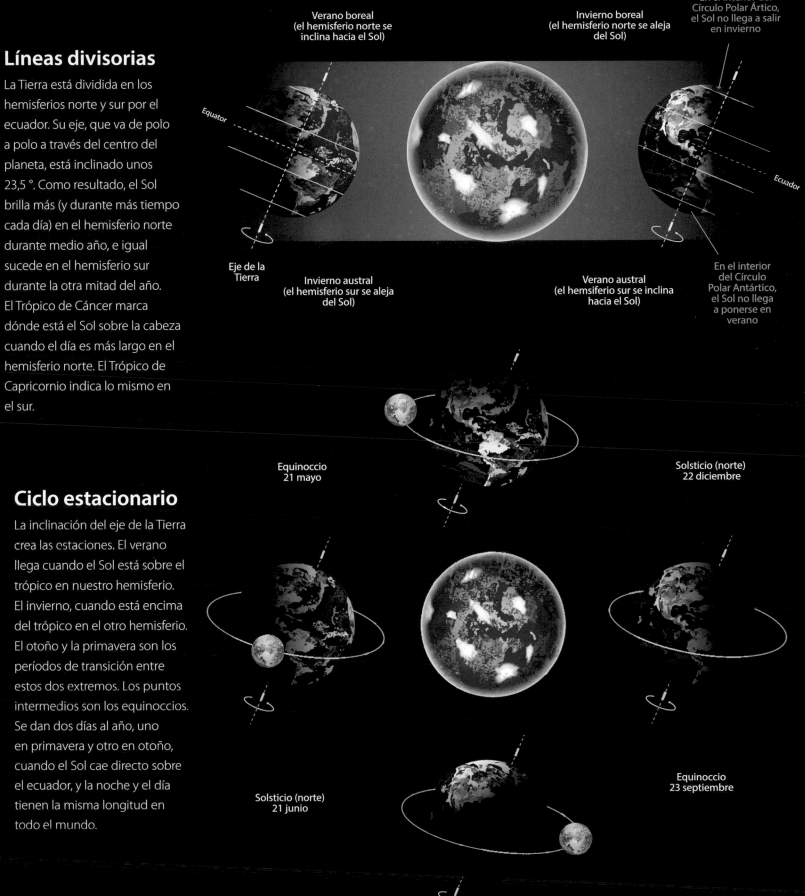

Líneas divisorias

La Tierra está dividida en los hemisferios norte y sur por el ecuador. Su eje, que va de polo a polo a través del centro del planeta, está inclinado unos 23,5 °. Como resultado, el Sol brilla más (y durante más tiempo cada día) en el hemisferio norte durante medio año, e igual sucede en el hemisferio sur durante la otra mitad del año. El Trópico de Cáncer marca dónde está el Sol sobre la cabeza cuando el día es más largo en el hemisferio norte. El Trópico de Capricornio indica lo mismo en el sur.

Verano boreal
(el hemisferio norte se inclina hacia el Sol)

Invierno boreal
(el hemisferio norte se aleja del Sol)

En el interior del Círculo Polar Ártico, el Sol no llega a salir en invierno

Equator

Ecuador

Eje de la Tierra

Invierno austral
(el hemisferio sur se aleja del Sol)

Verano austral
(el hemsiferio sur se inclina hacia el Sol)

En el interior del Círculo Polar Antártico, el Sol no llega a ponerse en verano

Ciclo estacionario

La inclinación del eje de la Tierra crea las estaciones. El verano llega cuando el Sol está sobre el trópico en nuestro hemisferio. El invierno, cuando está encima del trópico en el otro hemisferio. El otoño y la primavera son los períodos de transición entre estos dos extremos. Los puntos intermedios son los equinoccios. Se dan dos días al año, uno en primavera y otro en otoño, cuando el Sol cae directo sobre el ecuador, y la noche y el día tienen la misma longitud en todo el mundo.

Equinoccio
21 mayo

Solsticio (norte)
22 diciembre

Solsticio (norte)
21 junio

Equinoccio
23 septiembre

1 | Estaciones y ciclos

Si uno no es agricultor, quizás sea difícil valorar la importancia del cambio del tiempo. En la antigüedad, todos dependían del campo, y conocer las estaciones ha formado la piedra angular de nuestras civilizaciones.

Cada cultura tiene sus festividades, que suelen conmemorar un suceso mitológico o de la historia religiosa. A menudo, se celebraba en torno a un objetivo personal o social, una lucha entre el bien y el mal de algún tipo. Sin embargo, también podríamos entender estos días especiales como una lucha entre la luz y la oscuridad. Las festividades de invierno celebran la época más oscura del año, un período en el que la temporada de frío da paso a los días más largos y cálidos. Las fiestas de primavera se centran en prepararse para la crucial temporada de recogida de alimentos, en las que se consumen los últimos productos perecederos y cuando se conduran los recursos antes de las semanas de espera de las primeras cosechas. Y las fiestas de otoño, que ocurren en una época de relativa abundancia, saludan el regreso de la oscuridad y confrontan los temores de lo desconocido a medida que avanzamos hacia el invierno.

MEDICIÓN DE LA DURACIÓN DEL DÍA

El año cultural y el plan agrícola van de la mano, ambos anclados al calendario según se desarrolló en los primeros días de las civilizaciones. Los agricultores deben responder a los cambios en el estado de las cosechas, y estas condiciones están relacionadas con las estaciones, sobre todo por la forma en que los días y las noches varían en duración. Lohri, Navidad y Hanukkah están encuadradas para coincidir con el solsticio de invierno del hemisferio norte, cuando el día es más corto. Las festividades veraniegas llegan en junio, cuando la duración del día es más larga. Pascua, Halloween o Devali son fiestas de los equinoccios, cuando la duración de la noche es igual a la del día. Bajo estas tradiciones se encuentra nuestro vínculo intrínseco con el planeta, la base de las diversas áreas de investigación que llamamos ciencias de la tierra.

La Intihuatana, en la ciudad inca de Machu Picchu (Perú) es una escultura monolítica labrada en piedra granítica. Su función exacta no está clara, pero se cree que es algún tipo de reloj o calendario que rastrea el movimiento del Sol y otros objetos astronómicos para determinar los días propicios y los momentos adecuados para rituales importantes (como el sacrificio de niños).

EL AMANECER DE LA METEOROLOGÍA

En la mitología hindú, el dios Indra, el señor de los cielos (abajo, en su elefante Airavata), es el responsable del tiempo, que puede manejar a su antojo para darnos una lección a los mortales. Algunos de los primeros textos religiosos son los Upanishads hindúes, de hace unos 5 000 años. Además de describir la naturaleza del universo y el panteón de las deidades, estos escritos contienen los primeros ejemplos de meteorología, con análisis sobre la formación de nubes y los cambios climáticos derivados del cambio estacional..

2 | Los cuatro elementos

LA IDEA DE QUE EL MUNDO QUE NOS RODEA, CON SU DIVERSIDAD DE MATERIALES, se levanta a partir de un conjunto de sustancias más sencillas resulta bastante intuitiva. Las teorías de la antigüedad siguieron ese concepto al pie de la letra.

Hoy, un experto en química nos diría que hay 90 elementos que podemos encontrar de manera natural en la Tierra, aunque algunos aparecen en cantidades tan pequeñas que su presencia es casi teórica (se han creado otros 28 de manera artificial). La idea del elemento –una sustancia que no puede dividirse en otras– tiene al menos 3 500 años. Las culturas antiguas formularon variantes, que comprender tierra, agua, aire, metal, madera y fuego. Sin embargo, fue el grupo de los cuatro elementos griegos el que dominó el pensamiento científico occidental hasta finales del siglo XVIII. En el siglo V a. C., el filósofo griego Empédocles lo resumió muy bien en su poema *Sobre la naturaleza*: «Escucha primero las cuatro raíces de todas las cosas: Zeus el magnífico, Hera y Hades que dan la vida, y Perséfone, que hace correr con sus lágrimas las fuentes de los mortales». Zeus, el rey de los dioses, es el fuego de los cielos, su esposa Hera es el aire del cielo. Hades, el señor del inframundo, representa la tierra, mientras que Perséfone (y su agua) son encarcelados por Hades durante medio año antes de ser liberados en primavera para permitir que la vida regrese a los campos.

Empédocles vivió en una época en que lo que ahora llamamos «pensamiento occidental» estaba en sus inicios, influenciado por ideas «orientales», como la reencarnación. Empédocles creía que podía escapar del ciclo de renacimiento acumulando conocimiento, y para demostrarlo (según la leyenda), saltó al monte Etna. El volcán lo tragó, pero escupió un zapato.

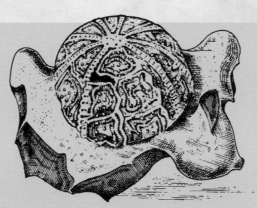

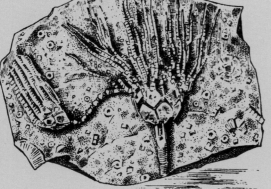

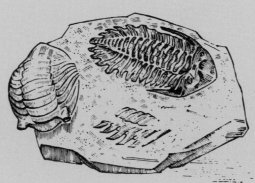

UN MUNDO ACUÁTICO

Empédocles se basaba en ideas de una primera generación de filósofos naturales griegos, liderados por Tales, quien propuso que todos los materiales y fenómenos naturales se formaban a partir del agua como sustancia primaria. Jenófanes, contemporáneo de Tales, vio que los restos de conchas marinas y otras especies marinas aparecían fosilizadas en rocas tierra adentro, incluso en las montañas. Para él, suponía un respaldo a la teoría de Tales. También indicó que la superficie de la Tierra estuvo en algún momento cubierta de agua, y había sufrido grandes cambios en el pasado.

Los fósiles marinos que aparecen en rocas tierra adentro son una prueba de que el planeta ha sufrido cambios desde el pasado. Pero, ¿sigue cambiando ahora?

3 | Las catástrofes de Platón

COMO FILÓSOFO, PLATÓN ESTABA MÁS INTERESADO EN EL LÍMITE ENTRE LO REAL Y LO IRREAL que en descubrir el funcionamiento de la Tierra. Sin embargo, sus escritos registran uno de los mayores sucesos geológicos de la antigüedad.

En sus escritos sobre la sociedad perfecta, *La República*, Platón hablaba de una tierra perdida donde tal sociedad quizás hubiese llegado a existir. Era la Atlántida, una gran isla que albergaba una civilización avanzada. Platón nos dijo que un terremoto provocó que se hundiese bajo el mar, dando paso al océano Atlántico. Los poderes destructivos de la Tierra son asombrosos, aunque el relato de Platón estaba algo adornado. Lo que ahora se cree es que la Atlántida era en realidad Akrotiri, una ciudad en la isla de Santorini, parte de la cultura minoica –cuyo centro era Creta– en el Mediterráneo oriental. Gran parte de Santorini (y Akrotiri) quedó destruida en una erupción volcánica en el siglo XVI a. C., 1 250 años antes del relato de Platón.

4 | La *Meteorología* de Aristóteles

MIENTRAS QUE PLATÓN SE CENTRABA EN LAS IDEAS, SU PUPILO ARISTÓTELES QUERÍA SABER MÁS mediante la observación del mundo. Así, Aristóteles creó las bases de la meteorología, como sucedió con muchas otras ciencias.

Hacia 350 a. C., cuando Aristóteles había sucedido a Platón como el pensador más influyente de su época –y como poco durante el siguiente milenio– el sabio estagirita escribió su *Meteorologica*, más conocida como la *Meteorología* de Aristóteles. El título significa «el estudio de los meteoros». Por meteoros, Aristóteles se refiere a fenómenos atmosféricos, pero en su día también incluía a las estrellas fugaces. Hoy sabemos que estos breves destellos de luz en el cielo nocturno son fenómenos astronómicos, causados por granos de polvo (o, a veces, objetos mayores) que ingresan en la atmósfera desde el espacio. Aunque nos pueda llevar a confusión, los meteoros son algo que un meteorólogo moderno no estudia.

Además del tiempo, *Meteorología* toca todos los campos de las ciencias de la tierra, como la geología, la geodesia (la forma de la Tierra) y la hidrología, que se ocupa de la ubicación y el movimiento del agua. Por ejemplo, Aristóteles se percató de que los ríos fluían hacia abajo y que en ciertas regiones del mar había corrientes, pero comprender mejor la circulación del agua estaba fuera de su capacidad de observación.

Aristóteles afirmaba que los cambios rápidos y constantes de las condiciones ambientales, como los rayos, se debían a que las fuerzas se separaban en sus estados puros.

FUERZAS ELEMENTALES

Todavía nos referimos al tiempo –en especial, al malo– como «los elementos», lo que a Aristóteles le parecería bien. En *Meteorología* se preocupaba de comprender cómo la

EN LAS PROFUNDIDADES

Pocos pueden rivalizar con el legado de Aristóteles. Además de inventar casi todas las ciencias, también fue mentor de Alejandro Magno, el extraordinario creador de imperios. Se dice que gracias a una descripción de su maestro de la forma en que los buceadores maximizaban el tiempo bajo el agua, Alejandro empleó campanas de buceo en 332 a. C. para que unos soldados suyos saboteasen las defensas marítimas de Tiro (en el Líbano actual). Se dice que Alejandro hizo una inmersión exploratoria (derecha), en lo que sería la primera expedición oceanográfica (aunque los rumores de que usó una campana de cristal son del todo infundados).

naturaleza estaba en un estado de cambio constante. La teoría de Aristóteles era que este flujo de la naturaleza estaba impulsado por una batalla entre los cuatro elementos. Cada cambio natural era el resultado de la búsqueda de cada elemento para encontrar su nivel correcto. La Tierra ocupó el nivel más bajo, como lo demuestran el suelo y el fondo marino. Después, el agua, que cubrió la superficie rocosa; luego el aire, que creó el cielo, y en última instancia un anillo de fuego, el límite entre el cielo y la Tierra, ubicado justo a este lado de la Luna.

Esta sencilla idea fue muy convincente, porque coincidía muy bien con las observaciones que todo el mundo podía hacer. Por ejemplo, cuando llovía, era agua que se separaba del aire y caía a su posición correcta. Los destellos de los relámpagos (y las trazas de los meteoritos) eran fuego que se liberaba del aire. La madera ardía porque era una mezcla de fuego, aire y tierra. El fuego salía despedido como llamas, el aire era el humo y los restos de ceniza eran el contenido terrenal. Al final, decía Aristóteles, los cuatro elementos se separarían por completo, hasta crear un punto final perfecto para la historia. La discusión filosófica se centraba en si había algún proceso de mezcla que equilibrase y compensase las separaciones; pero el debate científico reflexionó sobre las inconsistencias de la teoría. Por ejemplo, si cuando se quema se libera una sustancia, ¿por qué algunos materiales se vuelven más pesados? El verdadero legado de Aristóteles es que la ciencia ha demostrado que estaba equivocado.

UN MUNDO ESFÉRICO

El concepto de Aristóteles de un mundo en capas se basaba en que el planeta era una esfera. Esa forma atraía a los antiguos griegos, debido a la armonía y la aparente simplicidad de su geometría. Sin embargo, Aristóteles señaló las pruebas reales de que nuestro planeta era un globo: las naves desaparecen bajo el horizonte, el casco primero y el mástil al final, a medida que la superficie del planeta se alejaba del observador. Aún más: la sombra de la Tierra en la Luna durante un eclipse es siempre circular. Sólo la forma de una esfera arroja siempre, y solo, una sombra circular.

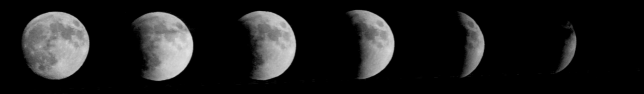

5 | El viaje de Piteas

EN NUESTRO PEQUEÑO MUNDO MODERNO, LOS AVENTUREROS TIENEN QUE ESFORZARSE PARA ENCONTRAR UN NUEVO OBJETIVO A BATIR. Su antepasado, Piteas, hizo lo mismo hace 2 350 años, cuando fue en busca de todo el frío del mundo. Dijo que lo encontró en una isla de hielo, a la que llamó Thule.

Este fresco desenterrado de las ruinas de Pompeya, ciudad romana destruida por un volcán en el año 79, muestra el globo con una montaña en el Polo Norte, que se cree que representa la fuente del frío, y luego se interpretó como una montaña magnética.

Los cuatro elementos clásicos encarnaban más que unas propiedades físicas. Muchas culturas depositaron en ellos sus cualidades emocionales y mágicas. Cuando se trataba del tiempo meteorológico y otros procesos naturales, el calor y el frío eran factores cruciales. La fuente última de calor tenía que ser el Sol, y el imperativo de armonía del pensamiento griego apuntaba a que el frío debía de surgir en el lugar opuesto: en el centro de la Tierra.

En 325 a. C., el explorador griego Piteas, procedente de la colonia mediterránea de Massalia (hoy Marsella, en Francia), se dispuso a descubrir de dónde llegaba a la superficie todo este frío. El frío viento del norte ofrecía una buena pista. Primero se dirigió a lo que llamó Bretannike: el primer uso de un nombre que se convirtió en Gran Bretaña (los arqueólogos de las palabras creen que la raíz de esta palabra se encuentra en galés –el idioma más cercano al de la antigua Gran Bretaña–, y significa algo así como «la tierra de los tatuados», que sigue siendo una descripción adecuada). Piteas no descubrió Gran Bretaña: ya había fuertes vínculos de comercio de estaño con la isla, pero sí la sumó de manera habitual al mapa del noroeste de Europa; mientras, continuó hacia el norte desde Escocia en barco. Esto lo llevó hasta Thule, un lugar donde el mar estaba congelado y donde el Sol nunca se ponía, un fenómeno solo visible sobre el Círculo Polar Ártico. Los estudiosos se preguntan a qué lugar llegó: lo más probable es que virase hacia el este y tocase tierra en el extremo norte de Noruega.

La isla de Thule todavía se ve en este detalle de un mapa mundial del siglo XVI, una versión de un mapa compilado por primera vez en el siglo II. Según esta tabla, Thule está al noroeste del archipiélago de Orkney, islas situadas justo al norte del continente británico.

6 | *Sobre las piedras*

EL SUCESOR DE ARISTÓTELES FUE SU PUPILO TEOFRASTO, EL SIGUIENTE DIRECTOR DE LA ESCUELA PERIPATÉTICA tras la muerte de su maestro. Para su fortuna, todavía le quedaban áreas de la ciencia por explorar.

Como Aristóteles antes que él, Teofrasto de Ereso había asistido a la Akademia, el aula al aire libre en un olivar amurallado a las afueras de Atenas, donde Platón enseñaba a sus alumnos. El término «academia» nos llega de este antiguo centro de aprendizaje. En su madurez, Aristóteles se separó de su enfermo maestro Platón y estableció su propia escuela, una institución que situó en las cercanías del templo de Apolo Licio, consagrado a la forma de lobo del dios Apolo. Por tanto, la escuela de Aristóteles se conoció como el Liceo. Es la raíz de la palabra francesa *lycée*, que significa «escuela secundaria». A los sagaces estudiantes del Liceo, dirigidos por Teofrasto, se los llamó «escuela de filosofía peripatética», un nombre que significa «los que pasean».

A los antiguos griegos les gustaban las joyas tanto como a cualquiera, como podemos ver en este broche dorado de un caballito de mar con un ojo de cornalina pulida. Esta piedra es una forma roja del cuarzo, que se suele identificar de manera errónea como rubí. En su libro, Teofrasto explica que el oro es un producto del agua, porque ambos pueden fluir.

EL LIBRO DE LOS SIGNOS

Teofrasto fue el autor de un escrito pionero sobre el pronóstico del tiempo, *El libro de los signos*. Publicado unos años después de la *Meteorología* de Aristóteles, se basó en las enseñanzas de su maestro para predecir los cambios en el tiempo: algo muy útil, ya que tanto él como sus colegas filósofos pasaban mucho tiempo fuera. Teofrasto habló de los halos alrededor del Sol y el grosor y la altitud de las nubes que, combinadas con la dirección y la temperatura del viento, señalaban un cambio inminente en el tiempo. Al igual que el trabajo de su maestro, el sistema de Teofrasto se basaba, sobre todo, en conjeturas.

NUEVAS CIENCIAS

Teofrasto recibió el cargo de Aristóteles en 322 a. C., y junto con obras de literatura y poesía, dejó su huella como figura fundadora de la botánica, la ciencia de las plantas, y más tarde con su libro *Sobre las piedras*, el primer intento de clasificar rocas, minerales y –lo más importante– piedras preciosas. No era una tarea fácil. Hoy se conocen unos 3000 minerales, y 300 rocas compuestas de una selección de estos minerales en proporciones variables. Como Teofrasto estaba limitado por la idea de que tales materiales estaban hechos de tierra, y quizá algo de fuego, agua y aire mezclados, no diferenció claramente entre rocas y minerales.

Gran parte del texto se dedicaba a dónde se podía encontrar la piedra en cuestión, y prestó especial atención a las «piedras de atracción» o imanes, y a las gemas, algo de gran interés para el lector. Sin embargo, Teofrasto estableció una lista de características que identificaban a los minerales que, en buena medida, aún se mantiene hasta el día de hoy (junto con otras nuevas). Se tenía en cuenta dureza, color y textura (o suavidad). También consideró los puntos de fusión, los pesos relativos y el impacto de la humedad y la sequedad en los cristales.

7 | Perímetro de la Tierra

EL DEBATE SOBRE LA FORMA DE LA TIERRA TERMINÓ MÁS O MENOS EN EL SIGLO III A. C. No había necesidad de volar al espacio para comprobarlo: era una esfera. Una pregunta aún más interesante era qué tamaño tenía la esfera. A finales de ese siglo, el filósofo Eratóstenes encontró una manera de llegar a una respuesta.

Como director de la Biblioteca de Alejandría, por entonces el centro del saber mundial, Eratóstenes tenía el conocimiento del mundo a su disposición. Cada vez que un comerciante llegaba a la ciudad, la ley les exigía que dejasen los textos que tenían en su biblioteca (y debían arreglárselas con una copia). Eratóstenes escuchó hablar de un pozo cerca de la ciudad de Syrene (ahora Asuán), al sur de Alejandría, a la orilla del río Nilo. En el solsticio de verano, el sol brillaba justo encima de este pozo, y las paredes no proyectaban sombras. Eratóstenes sabía que el mismo día en Alejandría, el sol arrojaba sombra. Esto le puso sobre la pista de que los rayos del sol llegaban a las dos ciudades en diferentes ángulos, lo que le permitiría calcular qué fracción de la circunferencia de la Tierra separaba Alejandría de Syrene.

Columna en Alejandría

Sombra de la columna

Los rayos del sol se consideran paralelos.

Pozo en Syrene

ß

Las dos ciudades de la superficie forman un triángulo, con el tercer vértice en el centro de la Tierra.

Eratóstenes utilizó los distintos ángulos en que incidían los rayos del sol para imaginar un triángulo que conectase las ciudades de Alejandría y Syrene con el centro del globo. El ángulo ß del triángulo era el mismo que el ángulo de los rayos del sol en Alejandría, y ese fue el primer paso para mostrar qué parte de la circunferencia total comprendía la distancia entre las dos ciudades. El siguiente paso fue confirmar la distancia que separaba Alejandría de Syrene.

LA TEORÍA DEL NIVEL DEL MAR

Si bien reveló la vasta escala de la Tierra, la teoría geológica de Eratóstenes era bastante más modesta. Explicó la existencia de mariscos fosilizados en tierra firme con la idea de que el nivel del mar Mediterráneo estuvo mucho más alto en el pasado remoto, y que cayó de pronto cuando se abrieron dos vías marítimas: el Estrecho de Gibraltar, que conduce al Atlántico y el Bósforo (abajo), que enlaza con el Mar Negro.

RECOPILACIÓN DE DATOS

Eratóstenes dispuso una columna en Alejandría para medir el ángulo de la luz solar el día asignado. El resultado: casi 7°, aproximadamente una quincuagésima parte de un círculo completo. Luego consultó con comerciantes que llevaban caravanas a Syrene acerca de cuánto tiempo se necesitaba para llegar a esa ciudad. Concluyó que la distancia era de 5000 estadios (la longitud de un estadio de atletismo), por lo que la circunferencia de la Tierra debía ser de 250000 estadios. En unidades modernas, su resultado fue un globo de 39690 km de diámetro, algo bastante aproximado. La cifra que hoy conocemos de la distancia de un meridiano (que cruza el mundo a través de los polos) es de 40008 km.

8 | La *Geografía* de Estrabón

LOS CIENTÍFICOS SUELEN MIRAR ALGO POR ENCIMA DEL HOMBRO A LA GEOGRAFÍA: carece del rigor de la física o de la química, dicen. A Estrabón, la figura fundadora de esta ciencia, no le importaría escucharlo: de hecho, le parecía bien que fuera así.

Estrabón era un griego póntico, es decir, que vivía en lo que ahora es Turquía. Estudió la obra de Eratóstenes y de otros investigadores que utilizaban las matemáticas y unas observaciones rigurosas para desentrañar los misterios del planeta. Sin embargo, Estrabón deseaba adoptar un enfoque diferente. En el año 7 a. C., publicó el primero de los 17 volúmenes de lo que se convertiría en su *Geografía* (el libro definitivo se editó en el año 23). El objetivo de Estrabón era escribir un libro para viajeros, embajadores y gobernantes que expusiera, no solo las características físicas de los territorios del mundo, sino también cuestiones sobre quiénes allí vivían, y las diferencias entre culturas.

UN MUNDO EN EVOLUCIÓN

Gran parte de su trabajo consistió en buscar relatos de primera mano sobre el Mediterráneo y el norte de África. Se entrevistó con los comerciantes para obtener información sobre la India, el extremo oriental del mundo conocido por entonces. Su mapa no era muy diferente de los utilizados por Eratóstenes y otros sabios 200 años antes. Encuadraba la tierra natal de Estrabón –entonces conocida como Asia Menor– en el centro del mundo, una sola masa de tierra rodeada por un océano.

POMPONIO MELA

Geógrafo contemporáneo de Estrabón, solo que situado en el lejano oeste del mundo clásico (lo que hoy es España), Pomponio Mela dividió el mundo en cinco zonas climáticas, dos de las cuales eran demasiado frías o calientes para que los humanos las habitasen. Mela afirmaba que más allá de la región desértica hacia el sur habría áreas templadas más acogedoras, habitadas por un grupo de humanos del sur, que aún no habían contactado con los del norte.

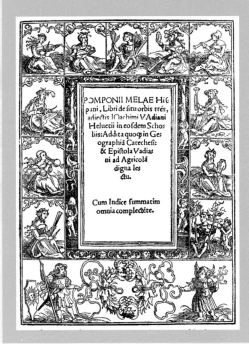

Esta representación alemana del siglo XIX del mapa del mundo de Estrabón divide su parte emergida en tres continentes: Europa, Asia y Libia (el término griego para África). Tal división (en gran medida arbitraria entre Europa y Asia) continúa hasta nuestros días.

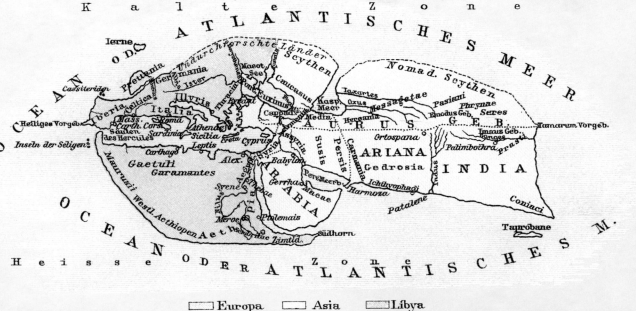

9 El fin del mundo

LA ESCUELA PERIPATÉTICA DE ARISTÓTELES ARROJÓ UNA LARGA SOMBRA EN LAS CIENCIAS DE LA TIERRA, que perduró durante siglos. Sin embargo, las ideas de su principal rival ideológico, el Estoicismo, también influyeron en cómo los científicos del futuro interpretaron los hechos empíricos.

Las leyendas que hablaban de inundaciones colosales, que barrieron civilizaciones enteras, eran la prueba que los estoicos esgrimían para su afirmación de que el mundo se destruía y renovaba de manera cíclica.

Mientras que los filósofos peripatéticos recibieron tal nombre por su propensión a los paseos, el de los estoicos proviene de su afición a charlar bajo la sombra de los pórticos (*stoa*, en griego) o columnatas. El punto de vista de Aristóteles consistía en que los cambios en la naturaleza –ya fueran perturbaciones meteorológicas, terremotos o volcanes– formaban parte de un proceso que conducía hacia un punto final de perfecta armonía. De ese modo, cualquier catástrofe destructiva quedaría compensada por un proceso de renovación. Para los estoicos, eso no era así. A su juicio, el planeta sería destruido en una catástrofe, que eliminaría toda huella del pasado, y de la que surgiría una «versión» completamente nueva.

10 La *Historia Natural* de Plinio

EN EL AÑO 77, EL HISTORIADOR ROMANO PLINIO EL VIEJO, NAVEGANTE Y HOMBRE DE LETRAS, publicó su *Naturalis historia*, que pretendía englobar todo lo que hasta entonces se conocía sobre las ciencias terrestres.

El ingente trabajo de Plinio contenía 37 partes que trataban temas como astronomía, matemáticas o biología –incluso escultura o pintura–, a la par que se acercaba a las ciencias terrestres en terrenos como geografía, mineralogía o minería. No reunió todo este conocimiento por sí solo, pero su propósito era presentar el trabajo de otros –siempre citándolo– en una sola obra. Supo desarrollar y mejorar esos textos, añadiendo información sobre minerales y minería del libro *Sobre las piedras* de Teofrasto, y de la *Geografía* de Estrabón. En cualquier caso, la ciencia terrestre por la que Plinio es más recordado no aparece allí. Dos años después de la publicación de su obra magna, Plinio encabezó una operación de rescate marítima para salvar a algunos amigos que vivían cerca del Vesubio, el imponente volcán que dominaba la costa suroeste de Italia, y que cuya célebre erupción acababa de comenzar. Plinio halló la muerte cerca de la costa, afectado por los humos tóxicos que emanaban del coloso.

Los mejores testimonios sobre la erupción del Vesubio no nos han llegado de Plinio el Viejo, sino de su sobrino Plinio el Joven, quien rechazó sumarse a la temeraria misión de su tío.

11 | El origen de la lluvia

EN LAS VIEJAS DOCTRINAS CONFUCIONISTAS CHINAS, LA LLUVIA SE CONSIDERABA UN REGALO DEL CIELO, teoría que se consideraba al pie de la letra. Esto fue así hasta que Wang Chong, un filósofo de la dinastía Han, formuló la primera teoría científica sobre el ciclo del agua.

La mayor obra de Wang Chong fue el libro *Lunheng*, escrito en el año 80 d. C., en el que se daba cabida a un amplio abanico de conocimientos, desde las ciencias naturales a la literatura o la mitología. En lo que respecta a la meteorología, Wang Chong no reparó demasiado en las creencias tradicionales. Por supuesto, admitía, la lluvia caía desde arriba, pero eso no significaba que el agua llegase del mismo lugar en el que se hallaban las estrellas.

NUBES DE HUMEDAD

En las leyendas chinas, un Rey Dragón gobernaba en cada uno de los Cuatro Mares: al norte, el lago Baikal en Siberia; el mar Amarillo al este; al sur, el mar del Sur de China; y al oeste, el lago Qinghai en la China central.

Chong lamentaba que el pensamiento confucionista, interpretado al pie de la letra, había conducido a que todo tipo de acercamientos a la predicción del tiempo se asociase al movimiento de los objetos celestes, como la Luna, cuando la realidad del asunto quedaba mucho más cerca. Cuando se subía a las montañas más elevadas para visitar los templos construidos en lo alto, la ropa de los visitantes se humedecía (tanto como si se hubieran mojado bajo una ducha) cuando atravesaban las nubes que cubrían las laderas. Para Chong, la explicación más sencilla era que tanto la lluvia como las nubes consistían en la misma cosa. Las nubes estaban en el cielo, razón que justificaba que la lluvia cayese siempre hacia abajo, si bien no provenía del mismísimo cielo. La humedad de las nubes se explicaba por los «bosques de vapor», con lo que expresaba que el agua líquida que se evaporaba de la superficie subía hasta conformar nubes en niveles superiores. Wang Chong empleó el concepto chino de la energía qì como el mecanismo que impulsaba este proceso, una buena manera para empezar a desentrañar el ciclo del agua terrestre.

El templo en el monte Emei, una de las cuatro montañas sagradas chinas para el budismo, se sitúa por encima de las nubes (y de la lluvia).

EL REY DRAGÓN

Las leyendas chinas asocian la lluvia con el lóng, o dragón volador. En el mito de los Cuatro Mares, el pueblo chino sufre una gran sequía, y el Rey Dragón que gobernaba el tiempo se apiada de ellos y envía a cuatro lóng para que generen grandes tormentas de lluvia. Estas tormentas crearon cuatro grandes ríos: el Perla, el Amarillo, el Negro y el Lóng (este último más conocido como el Yangtsé) que irrigan, hasta la fecha, las principales plantaciones y granjas chinas.

12 | Mapamundis

CLAUDIO PTOLOMEO FUE UN PROLÍFICO INVESTIGADOR DEL SIGLO II, CUYO TRABAJO INFLUENCIÓ AL PENSAMIENTO UNIVERSAL DURANTE CENTURIAS. Su libro *Geografía* incluía detallados mapas del mundo conocido e hizo las veces del primer atlas de la historia.

Ptolomeo, de ascendencia griega, era un ciudadano romano que vivía en Egipto, entonces una rica provincia romana. Sus obras, sobre todo *Geografía* y el *Almagesto*, un libro sobre astronomía, gozaron de gran influencia porque formaron un puente entre la filosofía de la Grecia clásica y la Edad de Oro del Islam – hacia el siglo XII–, cuando el centro del conocimiento mundial pasó de la Biblioteca de Alejandría a la Casa de la Sabiduría de Bagdad. Allí, las ideas que aparecieron en las obras de Ptolomeo evolucionaron y pasaron a extenderse a Europa en los albores del Renacimiento.

Portada de una traducción latina del siglo XV de la *Geografía* de Ptolomeo.

EL MUNDO CONOCIDO

La primera edición de *Geografía* se publicó hacia el año 80, si bien no se conserva, y lo que sabemos sobre ella proviene de versiones que se han copiado, traducido y embellecido numerosas veces. Los investigadores han reunido 65 mapas que fueron incluidos en el libro en un momento u otro. La mayoría son mapas regionales que muestran ríos, montañas y grandes asentamientos. Ptolomeo los trazó copiando o combinando los mapas de otros y sumando detalles de otras fuentes. Las zonas cercanas al mar Mediterráneo se representaron con mayor precisión que las remotas, como Gran Bretaña, Irlanda y Sri Lanka, que se habrían compilado a partir de los informes de algunos exploradores intrépidos.

Aunque aún muy distorsionada en la zona de los polos, la proyección Armadillo ofrece casi el mismo espacio a las zonas deshabitadas de la Tierra.

PROYECCIONES CARTOGRÁFICAS

El mapa mundial de Ptolomeo empleó una proyección distinta para mostrar la superficie esférica tridimensional de la Tierra en una superficie plana y bidimensional. Los matemáticos ya habían demostrado que resulta imposible representar con precisión las masas terrestres a gran escala sin distorsiones en alguna parte. La pregunta es: ¿dónde distorsionar? El proyecto Mercator del siglo XVI achataba las regiones ecuatoriales y agrandaba las del norte, como Europa y América del Norte. Este mapa todavía es muy popular y ofrece una impresión falsa sobre el tamaño real de los países en estas regiones.

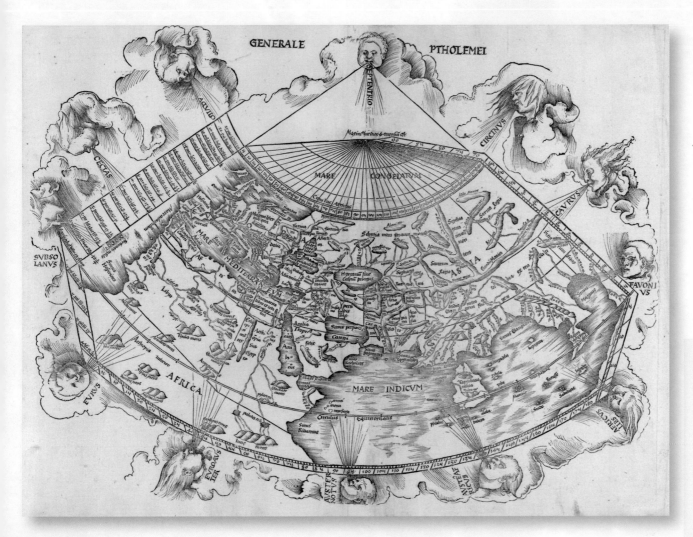

El mapamundi de Ptolomeo proyectó el territorio conocido en un cuarto de círculo. Conocía el tamaño del planeta y las distancias aproximadas entre los diferentes continentes, por lo que daba por hecho que todavía había tres cuartos del mundo por descubrir. Los primeros atlas que mostraron mapas de un globo completamente circular se publicaron en 1570.

El mapamundi fue una actualización del trazado por Eratóstenes y Estrabón. Ptolomeo no lo dibujó él mismo, lo que se suele atribuir al cartógrafo Agatodemon de Alejandría. A diferencia de los mapas anteriores, el océano no rodeaba el mundo conocido por todos lados. La costa oriental de África se denominó *terra incognita* (tierra desconocida) y rodeaba el océano Índico. El extremo oriental del mundo ya se había extendido a la península malaya y al golfo de Tailandia.

LONGITUD Y LATITUD

El mapamundi de Ptolomeo fue uno de los primeros en trazar líneas de longitud y latitud para facilitar la identificación de emplazamientos. Las líneas de longitud abarcaban 180 grados del globo, aunque solo se mostrase el cuarto noreste del planeta. El meridiano principal, cuya longitud es 0, atravesaba las míticas islas Afortunadas frente a la costa de África (probablemente, las Canarias). Las líneas de latitud, que van de este a oeste alrededor del globo, se dibujaron al norte del ecuador (que ya se había colocado demasiado al norte). Una vez más, las mediciones estuvieron un poco fuera de lugar. El territorio que se muestra, en realidad, solo se extiende por un tercio del mundo.

IMAGO MUNDI

La «imagen» o mapa más antiguo del mundo (*imago mundi*) es una tableta de arcilla de Babilonia que data del siglo VI a. C. No habría sido de mucha utilidad en caso de viajar con ella. Muestra el río Éufrates y Babilonia, y los estados vecinos a lo largo de las orillas. Toda la región está rodeada por un anillo de «río amargo» u océano.

13 El porqué de las mareas

QUE EL MAR SUBA Y BAJE CADA DÍA ES UNA FUERZA MOTRIZ PARA LAS COMUNIDADES COSTERAS Y PARA LOS MARINEROS. Costó muchos siglos entender el proceso que provocaba este fenómeno de carácter global.

El Venerable Beda fue el historiador más importante de Inglaterra durante la Edad Media.

La marea sube y baja dos veces al día, y cada dos semanas las mareas fluctúan de una marea viva a una marea muerta. En la antigüedad, este patrón se relacionaba con el movimiento y las fases de la Luna, pero fue un monje inglés, el Venerable Beda, quien en 725 presentó una descripción completa del funcionamiento de los dos ciclos en su libro *De Temporum Ratione*. Observó que la marea alta llegaba cuatro quintas partes de hora más tarde todos los días, el mismo intervalo de tiempo que la salida y la puesta de la Luna. Cada 59 días, la Luna sale y se pone 57 veces, y hay 114 mareas (dos veces 57). También señaló que la fuerza y la dirección del viento pueden afectar a la altura de la marea.

Beda vivió en la Edad Media, un período de la historia europea en el que el registro histórico se diluye tras la caída del Imperio Romano en el siglo v. Beda es uno de los pocos estudiosos de esos tiempo cuyo trabajo ha sobrevivido. Hasta que el Renacimiento –el resurgimiento del saber en Europa– empezó hacia el siglo XIV, el mundo islámico era el centro del conocimiento mundial. Muchos eruditos árabes y persas exploraron el vínculo entre las mareas y la Luna; sin embargo, uno de los pensadores más influyentes de este período, Al-Kindi, expuso una nueva teoría en el siglo IX. Afirmó que las mareas subían cada día debido a la expansión del agua, puesto que era calentada por el sol que se movía por encima. A medida que el sol se alejaba de nuevo, el agua se enfriaba y se contraía, y la marea bajaba (no solo eso: Al-Kindi afirmó que el viento se generaba del mismo modo, porque el aire caliente se expandía y se precipitaba hacia las zonas frías).

Beda vivió en el reino de Northumbria, en lo que ahora es el noreste de Inglaterra, un área gobernada durante gran parte de su historia por el castillo de Bamburgh, desde el que se contemplan las planicies formadas por la marea en la costa del mar del Norte.

MAREAS VIVAS Y MUERTAS

El equinoccio de primavera y el de otoño se caracterizan por mareas muy altas. En cualquier caso, el término «marea viva» indica que el agua llega a la orilla y sube más alto de lo habitual. La marea ocurre por la fuerza de la gravedad de la Luna, que genera un incremento de varios metros sobre el nivel del mar. Esa masa se mueve alrededor del globo, mientras la Tierra gira por debajo. Un incremento correspondiente se forma en el lado opuesto del planeta. Durante una marea viva, la marea se potencia porque la atracción de la Luna también aumenta debido a la atracción del Sol. Durante una marea muerta, el Sol y la Luna están perpendiculares entre sí.

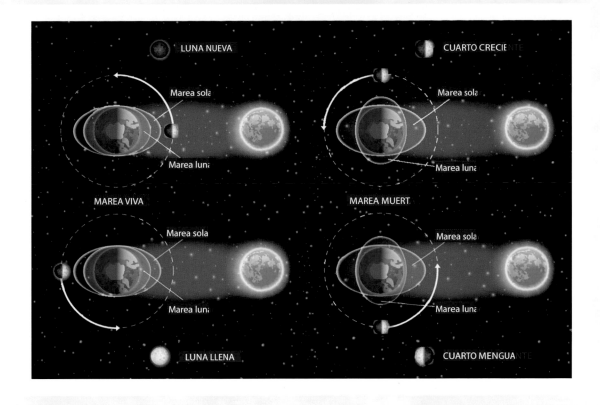

LUNA NUEVA

CUARTO CRECIENTE

Marea solar
Marea lunar
MAREA VIVA

Marea solar
Marea lunar
MAREA MUERTA

Marea solar
Marea lunar
LUNA LLENA

Marea solar
Marea lunar
CUARTO MENGUANTE

LA ILUSTRACIÓN Y SU FUERZA

En 1608, el matemático holandés Simon Stevin acabó por descartar la idea de que la marea era un fenómeno climático y, en su lugar, afirmó que la Luna emitía una fuerza que arrastraba el agua hacia la orilla. Algo que Johannes Kepler apuntaló un años después, cuando estableció las leyes que rigen las órbitas (como la de la Luna). Creía que nuestro satélite podría ser algún tipo de imán. En 1687, la ley de la gravedad de Isaac Newton explicó de manera científica las mareas –y muchas otras cosas– y en la década de 1770, Pierre-Simon Laplace estableció ecuaciones para calcular los ciclos de las mareas para un tramo de costa, pero sus matemáticas resultaban muy complicadas. Pasó otro siglo antes de que Lord Kelvin inventase una computadora analógica para hacer las sumas: estos dispositivos mecánicos todavía se utilizaban en 1970.

SIMON STEVIN

El interés de este matemático holandés por las mareas se debió, en parte, a su invención del yate terrestre, un vehículo eólico que «navegaba» por las playas. Sin embargo, su mayor contribución fue introducir las fracciones decimales en Europa, donde se escribían los números menores que uno como décimas partes, centésimas, etc.

14 | Los viajes a América

EN 1492, COLÓN NAVEGÓ POR EL DESCONOCIDO ATLÁNTICO, PERO OLVIDÉMONOS DE ESO POR AHORA. Los vikingos habían explorado la grises aguas del Atlántico Norte cinco siglos antes. Los duros pueblos nórdicos incluso llegaron a establecerse en Norteamérica durante unas pocas décadas. La historia pudo escribirse de una manera bien distinta.

Los vikingos de Leif Erikson exploraron al oeste de Groenlandia y hallaron la costa de lo que ahora es Canadá.

Hoy se acepta de manera extendida que los ancestros de los actuales nativos americanos llegaron a pie desde Asia, hace al menos 14 000 años. Por entonces, el planeta estaba bajo una glaciación, y el nivel del mar era menor debido al gran volumen de hielo que cubría la tierra. Como resultado, lo que ahora es el Estrecho de Bering era tierra firme –una región llamada Beringia–, que conectaba Siberia con Alaska. Beringia quedó inundada por el mar hace unos 11 000 años, y desde entonces América solo fue accesible para los grandes marineros. Esos exploradores necesitaron otros 10 000 años para repetir la proeza, y esta vez llegaron a la costa este de América del Norte en 1002. Eran vikingos, que provenían de Escandinavia, pero pertenecían a una comunidad que se había establecido en Islandia hacia 870 y poco después en Groenlandia.

Los colonos de los asentamientos vikingos en Groenlandia construyeron una pequeña aldea en lo que hoy es Terranova, pero abandonaron este nuevo hogar en la siguiente generación.

UNA AMÉRICA INTUIDA

Sin saber que los exploradores vikingos ya estaban allí, el geógrafo persa Al-Biruni predijo la existencia de América en 1037. Tras calcular el tamaño de la Tierra, observó que los continentes conocidos estaban agrupados en un lado del globo. Para equilibrar las cosas, dijo, debía haber más tierra firme al otro lado del mundo.

ПОЧТА СССР 1973
6k
Абу Рейхан Бируни
1000 лет со дня рождения

TECNOLOGÍA OCEÁNICA

Los buques nórdicos eran resistentes, construidos con clínker (con tablas superpuestas), capaces de soportar mares revueltos. Se impulsaban a vela o con remos y se manejaban con un gran remo en la parte trasera derecha, o estribor (un término derivado de *steerboard*). Apenas se distinguía la proa de la popa, porque los barcos se construyeron para moverse con igual facilidad en ambas direcciones, una característica útil cuando se navega por ríos y entradas angostas. La leyenda dice que los islandeses usaron cristales transparentes para hacer de «brújula vikinga». Esa piedra, posiblemente una forma pura de calcita, dividía la luz que pasaba por ella y podría usarse para localizar el Sol incluso cuando quedaba tras las nubes, de manera que siempre pudieran orientar la nave.

EXTRAVIADOS

A pesar de su capacidad de hacer largos viajes por mar, los vikingos descubrieron América del Norte por accidente. Leif Erikson, un groenlandés, perdió el rumbo en un viaje de vuelta desde Noruega, y se encontró con una tierra llena de trigo y uvas silvestres. La llamó Vinland, que significa «tierra de cultivo», y regresó con una tripulación vikinga de Groenlandia mejor preparada para explorar la región. Allí encontraron una tundra congelada (probablemente, la isla de Baffin), densos bosques (península del Labrador); y finalmente regresó a Vinland, donde establecieron un pequeño asentamiento. Hacia 1960 se encontraron pruebas de este primer destacamento europeo en América, en L'Anse aux Meadows, en el extremo norte de Terranova. El pueblo, llamado Leifsbudir, no duró mucho. Los vikingos se pelearon con los lugareños, a quienes los nórdicos llamaron *skraeling* (que significa «las personas que usan pieles de animales»).

15 | Roca líquida

HOY RECORDAMOS AL SABIO PERSA AVICENA COMO MÉDICO Y FILÓSOFO. Sin embargo, en su obra *El libro de la curación* encontró un lugar para discutir las ciencias de la Tierra, como por ejemplo el origen de las nuevas rocas.

A pesar de llamarse *El libro de la curación*, los lectores de esta obra de 1027 apenas encontraron menciones de procedimientos médicos. Avicena (cuyo nombre, en realidad, era Ibn Sina) afirmó que las rocas se formaban en contacto con un líquido. Eso explicaría la formación de las rocas fósiles a partir de restos de seres vivos. Además, Avicena reflexionó sobre si las montañas son el resultado de perturbaciones repentinas o de procesos lentos que necesitan una larga evolución. Esas reflexiones habrían sido catalogadas de herejías en la Europa de aquellos tiempos.

Según la teoría de Avicena, la lava contendría un líquido capaz de formar rocas, llamado *succus lapidificatus*.

ERIK EL ROJO

Como su nombre indica, Leif Erikson era hijo de un Erik –el Rojo–, también explorador vikingo, al que se le atribuye ser el primer europeo en establecerse en Groenlandia. Las sagas islandesas documentan que otros la habían encontrado antes, pero fue Erik el Rojo quien fundó un asentamiento en 985. Lo llamó Groenlandia para atraer a los colonos, aunque las diferencias climáticas indican que no era tan fría como ahora. Durante 500 años, una comunidad de unos 2 500 nórdicos vivió en la costa suroeste, pero abandonó sus hogares cuando el clima se enfrió a fines de la década de 1400.

16 La tierra firme

EL CIENTÍFICO CHINO SHEN KUO NO FUE EL PRIMERO EN PREGUNTARSE POR QUÉ HABÍA FÓSILES MARINOS EN LO ALTO DE LAS MONTAÑAS, pero hacia 1070 relacionó todo aquello con otras informaciones para elaborar una teoría sobre el proceso de creación de la superficie.

Los fósiles marinos de las montañas tierra adentro son la prueba más evidente de que, en algún momento, allí hubo un fondo marino. Shen Kuo pensaba así y creía que las capas de limo se habían acumulado en el fondo del mar durante un largo periodo, lo que provocó que la roca se elevase sobre la superficie del agua hasta formar una masa de tierra. El bambú fósil hallado en desiertos –demasiado para crecer en ellos– convenció a Shen Kuo de que la tierra también podría cambiar. Por ejemplo, las fuerzas bajo la superficie podrían crear las montañas. Después, la roca de la montaña se erosionaba, en forma de limo u otros sedimentos que viajaban por los ríos hasta el mar, donde formaban una nueva capa en el fondo del mar. Todo lo que se necesitaba era… mucho tiempo.

Los fósiles de las rocas blandas en las montañas Taihang, en el centro de China, fueron el punto de partida para la teoría geomorfológica de Shen Kuo.

17 La ciencia del arcoíris

LOS COLORES DIFUSOS Y ETÉREOS DEL ARCOÍRIS LLAMARON, DURANTE MUCHO TIEMPO, LA ATENCIÓN DE LOS CIENTÍFICOS. En 1300, las esferas de vidrio ayudaron a arrojar luz sobre el tema.

Séneca el Joven, filósofo romano del siglo I a. C., fue el primero en allanar el camino para entender el arcoíris. Se dio cuenta de que el fenómeno siempre aparecía en el lado opuesto al Sol. También señaló que el mismo efecto podría lograrse con un poco de agua rociada. Su conclusión: el arcoíris era el reflejo de una superficie en forma de espejo creada por gotas de agua. Se convirtió en la explicación aceptada por todos, incluso por Al-Haytham, el padre árabe de la óptica, la ciencia de la luz, en el siglo XI. Sin embargo, la verdad no llegó hasta 1300, cuando el monje alemán Teodorico de

Las ilustraciones de Teodorico sobre su arcoíris tuvieron que ser… en blanco y negro.

Freiberg consiguió recrear gotas de lluvia en globos de vidrio con agua. Observó que un rayo de luz que brillaba en el globo era redirigido o refractado hacia la parte posterior de la «gota de lluvia», donde se reflejaba de nuevo. Se generó una segunda refracción cuando la luz salió de la gota, volviendo a pasar al aire, que dividió en muchos colores la luz blanca. El resultado de estas refracciones y reflexiones es el arcoíris. En realidad es un halo, pero solo podemos ver el semicírculo recortado en el cielo.

18 | Viajes asombrosos

En 1405, el emperador chino Ming ordenó una expedición como nadie había visto nunca antes. Zarparon enormes barcos para explorar los océanos y promover la grandeza de China.

LA BRÚJULA

La flota del tesoro utilizó brújulas magnéticas para navegar, una tecnología que acababa de llevarse a occidente. Sin embargo, durante la mayor parte del primer milenio, los chinos emplearon la brújula en rituales para encontrar la huella de los espíritus. Se hacía con una magnetita (imán natural) en forma de cuchara diseñada para apuntar hacia el sur (ver abajo). Los marineros europeos decidieron que a ellos les aportaba más que se dirigiera al norte.

La dinastía Ming quería ampliar su visión del mundo y cambiar la forma en que el mundo veía a China. En un total de siete viajes, una gran flota dirigida por el almirante Zhang recorrió el océano Índico, y visitó África Oriental, Arabia, India y las islas occidentales de lo que ahora es Indonesia. Los viajes fueron sobre todo misiones comerciales y diplomáticas que no ofrecieron a los estados vecinos muchas pistas sobre el poder de la China imperial, pero mejoraron el conocimiento chino de la región del Índico.

Zhang He siguió las rutas comerciales costeras, pero también descubrió nuevas rutas marítimas y promovió intercambios de bienes e ideas. Sin embargo, la misión terminó en 1433, lo que dejó un vacío de poder naval en el océano Índico, que fue ocupado en la segunda mitad del siglo, y en el siguiente, por exploradores europeos que llegaron a oriente a través del extremo sur de África. Si los viajes chinos hubiesen continuado, la historia mundial podría haber sido muy diferente.

En la flota del tesoro de Zhang He había barcos enormes, al menos dos veces más grandes que los construidos en cualquier otro lugar por entonces (aunque las dimensiones exactas no se han concretado). Los informes de las flotas también son difíciles de verificar, pero las cuentas indican que los viajes contaron con más de 40 grandes barcos –destinados a proyectar la impulsar china, no a saquear otras naciones–, más otros 200 barcos y un total de 28 000 tripulantes.

Zhang He es venerado en gran parte del sudeste asiático, como la figura que impulsó tanto la influencia islámica como la china.

19 Navegación con brújula

DURANTE GRAN PARTE DE NUESTRA HISTORIA, LOS CAPITANES DETESTABAN PERDER DE VISTA LOS PUNTOS DE REFERENCIA COSTEROS, ya que podrían extraviarse. La brújula cambió el panorama, y propició nuevas técnicas de navegación.

ENRIQUE EL NAVEGANTE

El príncipe Enrique de Portugal gobernaba una nación en el extremo occidental del mundo, lejos de los centros comerciales de Europa y Asia. Lo que sí gozaba Portugal era de un acceso directo al océano, y tal vez era una ruta al resto del mundo que Portugal podía controlar. Hacia 1418, Enrique solicitó a marineros, matemáticos e ingenieros que inventasen la tecnología necesaria para viaje largos. La Era de las Exploraciones había comenzado.

Las magnetitas, pedazos de mineral de hierro magnético, se utilizaban como brújulas en China desde 200 a. C. Hacia 1300, la tecnología de la brújula se había extendido por Asia a Europa, y fue aquí, en concreto en España y en Portugal, donde la navegación en aguas abiertas lejos de tierra firme se desarrolló desde los inicios del siglo xv. La brújula fue una herramienta imprescindible para ello, ya que siempre apunta en la misma dirección: norte. Sin embargo, los exploradores del Atlántico comenzaron a darse cuenta de que el norte indicado por el imán podría cambiar de posición, o al menos parecer que cambiaba. Es lo que ahora conocemos como declinación magnética, la diferencia angular entre el norte verdadero ubicado en el polo norte y el norte magnético, que se encuentra unos pocos grados debajo del Ártico canadiense. La declinación exacta depende de la ubicación al este y al oeste del norte magnético, y los navegantes medievales la usaron para estimar la longitud mientras cruzaban el inabarcable océano.

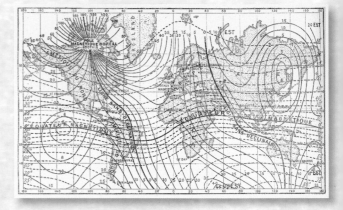

Un mapa del siglo xix muestra las direcciones aproximadas al norte magnético desde distintas ubicaciones (aunque muy distorsionadas por la proyección).

20 Cómo estudiar el tiempo

DURANTE EL RENACIMIENTO, LOS INVESTIGADORES COMENZARON A UTILIZAR DATOS Y DOCUMENTAR HECHOS. Cuando llegó el momento de estudiar el tiempo meteorológico, un arquetípico hombre del renacimiento tomó el mando.

MÁXIMO Y MÍNIMO

En 1780, James Six inventó un termómetro en forma de «U» que tenía marcadores de acero en la parte superior del mercurio. El marcador izquierdo descendía a medida que la temperatura bajaba y quedaba en la temperatura más baja. El marcador derecho llegaba a la temperatura más alta alcanzada ese día.

A Leon Battista Alberti le gustaba tocar varios palos: poesía, arquitectura, matemáticas o desciframiento de códigos. Además, inventó el anemómetro, un dispositivo para medir la velocidad del viento. Su diseño de 1450 resulta aún reconocible porque se ha mantenido prácticamente sin cambios desde entonces. Incluía hojas o palas que salían desde un eje central. El viento de cualquier dirección pasaría por una pala y empujaría el eje, lo que impulsaría la siguiente pala en la dirección del viento. El resultado fue un dispositivo que giraba, y el número de rotaciones por minuto indicaba la fuerza del viento.

Tiempo después, el anemómetro se mejoró usando cazoletas en lugar de palas; su curvatura ayudó al dispositivo a girar de manera uniforme. Estos artilugios se ven ahora en estaciones meteorológicas de aeropuertos o muelles. Los medidores de viento en forma de hélice giran alrededor de un eje horizontal como un pequeño molino de viento. Esta versión también se inclina para encarar el viento, por lo que proporciona dirección y velocidad.

EL PLUVIÓMETRO

Casi al mismo tiempo que la contribución de Alberti a las mediciones meteorológicas, aparecía otra en el otro extremo del mundo, en Corea. El siglo xv fue el apogeo de la dinastía Josean de Corea; el rey ordenó que se instalara un pluviómetro estándar, el *cheugugi*, en diversos lugares del país para obtener información sobre la lluvia en distintas zonas agrícolas. Solo sobrevive un *cheugugi* (derecha). Es un cilindro de acero de unos 32 cm de profundidad que se sostiene sobre una base de piedra firme.

HUMEDAD POR LOS PELOS

La humedad del aire ofrece una buena pista sobre las posibilidades de lluvia. Los primeros meteorólogos chinos usaban el peso de trozos de carbón como indicador de humedad o higrómetro: se volvían más pesados según absorbiesen la humedad del aire. A mediados del siglo xv, un contemporáneo de Alberti, Nicolás de Cusa, inventó un higrómetro basado en un cabello humano largo. El cabello se alarga cuando está húmedo y se contrae cuando está seco, cambios que se hacían patentes por la forma en que el higrómetro mantenía el cabello bajo una suave tensión. En ocasiones, el diseño del higrómetro de tensión de cabello se atribuye al artista, ingeniero y genio polímata Leonardo da Vinci, quien dibujó bocetos en su cuaderno del *Codex Atlanticus* en 1480.

La Torre de los Vientos —en el ágora, o plaza del mercado— de la antigua Atenas se considera la primera estación meteorológica del mundo. Además de una veleta en el tejado para mostrar la dirección del viento, la torre tenía un reloj de sol y una clepsidra para dar la hora a los ciudadanos de la ciudad.

21 | El viaje de Colón

CRISTÓBAL COLÓN ES EL EXPLORADOR MÁS FAMOSO DE LA HISTORIA. Fue el primer capitán de navío en regresar a Europa con informes contrastados sobre el descubrimiento de un Nuevo Mundo en la costa oeste del Atlántico. Y todo gracias a una gran error.

EL PRIMER HURACÁN

Colón regresó al Caribe en 1493; planeaba hacerse rico creando una industria de esclavos. El Caribe es la zona de huracanes más activa del mundo, y Colón se vio obligado a proteger su flota en el extremo sur de La Española de una de esas tormentas. Su relato de lo que describió como un «monstruo marino» fue el primero de un huracán que llegó a Europa. La palabra «huracán» proviene del lenguaje del pueblo taíno, que habitaba las islas del Caribe antes de la llegada de Colón, y que fue eliminado por los asentamientos establecidos por el genovés y los sucesivos colonos.

La historia de las Américas se remonta al 12 de octubre de 1492. Es entonces cuando la flota de Colón desembarcó en una isla de las Bahamas y, desde entonces, los reinos de Europa volvieron su atención hacia el oeste. La historia de los continentes americanos previa a ese día se denomina precolombina, y pocos meses después de que las noticias del Nuevo Mundo arribasen a Europa, aventureros y colonos comenzaron a llegar para reclamar una parte del territorio; el resto es historia.

EL OCÉANO AZUL

Resulta irónico, pero no sorprendente, que un momento tan importante en la historia sea el resultado de un grave error de cálculo. La historia de Colón se ha incorporado a los mitos fundacionales de las naciones americanas actuales, aunque los hechos son difíciles de situar. En cualquier caso, la historia dice que Colón, un marinero italiano, tenía un plan para encontrar una ruta occidental hacia las Indias, sobre todo, las Islas de las Especias, en lo que hoy es Indonesia. Quien se interesó en financiarlo fue el rey de

Colón se prepara para partir de Palos, en la costa sur de España. A pesar de lo que dice la leyenda, a su tripulación no le preocupaba caerse de una Tierra plana, pero sí que les preocupaba que les faltasen víveres para llegar a Asia por mar.

UNA RUTA HASTA LA INDIA

El intento de Colón de convencer a Portugal para su odisea se vio obstaculizado por la noticia de que Bartolomé Díaz acababa de hallar el extremo sur de África, lo que hacía que Asia fuera accesible por una ruta oriental. Díaz bautizó ese punto como Cabo de las Tormentas, aunque se cambió a Cabo de Buena Esperanza para aumentar su atractivo de cara al público. En 1497, Vasco da Gama dirigió una expedición portuguesa por esta ruta y llegó a la India (esta vez de verdad) un año después. Esta ruta se topó con vientos que llevaron los barcos hacia el suroeste, cerca de lo que ahora es la costa de Brasil, territorio que pronto se convirtió en colonia portuguesa.

Portugal, pero sus expertos en navegación lo rechazaron de inmediato. Al final Colón consiguió los barcos que necesitaba de los reyes españoles, que en realidad también pensaban que estaba un poco loco, pero a quienes les sedujo la idea de vencer a los portugueses en caso de acierto (como testimonio de sus bajas expectativas, los españoles permitieron que Colón se convirtiese en virrey de cualquier tierra que descubriera). La tripulación de Colón tampoco estaba muy entusiasmada, bien porque (como dice la leyenda) tuvieran miedo de precipitarse por el borde del mundo o, sobre todo, por la desnutrición que sufrieron.

A MEDIO CAMINO

Tras cuatro semanas en el mar navegando hacia el oeste desde las Islas Canarias (en ese momento, puntos de tierra emergida conocidos más al oeste), la historia dice que la tripulación pidió que se les permitiera regresar a casa. Colón calmó sus miedos pidiendo tres días más y, por suerte, la tierra fue descubierta justo a tiempo. Colón pensó que estaba en las Indias del este de Asia, y por ello, los nativos americanos fueron llamados indios durante buena parte de los siguientes 500 años.

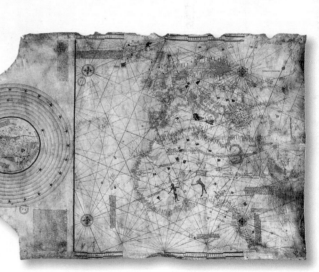

Este mapa de 1490 se puede ver en Lisboa (Portugal). Se cree que es la versión que utilizó Colón en su célebre primer viaje hacia América.

Este error venía de otro más grande subyacente. Colón estaba seguro de que podría navegar de España a Asia en unas cinco semanas, puesto que había cometido varios errores al calcular el tamaño del planeta y de los continentes. Utilizó mediciones griegas y árabes, confundió sus unidades y su cálculo arrojó un planeta un 25 % menor que las estimaciones previas. En segundo lugar, pensó que el Lejano Oriente estaba mucho más cerca de Europa, y que su tierra se extendía alrededor del planeta, por lo que la distancia que creía necesaria navegar era menos de la mitad del valor real. Esta fue la verdadera razón por la cual su plan fue rechazado por los navegantes portugueses, y por qué su tripulación estaba inquieta después de semanas en el mar. Temían morir de hambre antes de que los barcos diesen la vuelta, y solo se salvaron al tropezar con lo que después se conoció como América.

22 | Circunnavegación

A PESAR DEL INSOSPECHADO ÉXITO DE COLÓN, LOS REYES DE ESPAÑA, que habían financiado la aventura, aún estaban sin ruta occidental hacia Asia. En 1519, una nueva flota partió en su busca.

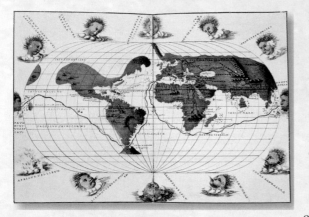

Ruta del accidentado viaje de Magallanes alrededor del globo, que necesitó casi tres años.

En 1494, cuando el verdadero alcance de la exploración oceánica, y el negocio que de ella podía derivarse estaba claro, las dos potencias marítimas líderes, España y Portugal, acordaron dividir el mundo por la mitad. El Tratado de Tordesillas decía que todo lo que quedase al oeste de una línea trazada en el medio del Atlántico sería español, y Portugal controlaría lo que estuviese al este. Y resultó que la costa de Brasil estaba al este de la línea, lo que le permitió a Portugal desembarcar en América.

UN NUEVO OCÉANO

El comandante de la flota española que se dirigió a Asia era un navegante portugués llamado Fernando de Magallanes. Lideraba cinco barcos a través del océano Atlántico, a lo largo de la costa brasileña y por el extremo sur del Nuevo Mundo (ver recuadro). Allí, la expedición de Magallanes se convirtió en el segundo grupo de europeos en navegar al oeste de las Américas (unos años antes, el explorador español Núñez de Balboa había cruzado el istmo de Panamá hasta llegar a la costa oeste). Magallanes llamó al océano el «mar pacífico», un término que prosperó. Se tardó más de tres meses en cruzar este océano, el más grande de la Tierra (su área es casi la misma que la de todos los demás océanos juntos). Tras 18 meses de viaje, la flota se encontraba a una notable distancia de las Islas de las Especias, y se detuvo en Cebú (en las Filipinas). Magallanes quedó atascado en una guerra local y murió en una escaramuza. Juan Sebastián Elcano fue el encargado de llevar la flota hasta África y regresar a España. Estuvieron fuera poco menos de tres años. De los 270 tripulantes que partieron, solo regresaron 18.

El viaje de Magallanes se acabó cuando unas luchas tribales acabaron con su vida, en el territorio que hoy es Filipinas.

EL CABO DE HORNOS

El extremo meridional de Sudamérica es el Cabo de Hornos. Su costa, repleta de ensenadas, islas y bahías, fue bautizada por Magallanes como Tierra del Fuego, porque la flota europea podía ver muchos fuegos a lo largo de la costa por la noche, provocados por sus habitantes para mantenerse calientes, o tal vez para prepararse para el ataque. Magallanes eligió entrar por una boca profunda de agua salada que conduce desde el Atlántico hasta el Pacífico. La vía marítima que hoy conocemos como estrecho de Magallanes.

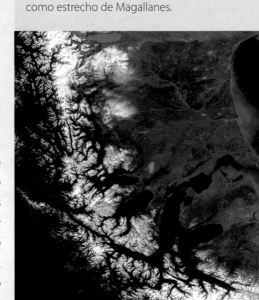

23 | *Sobre los metales*

DURANTE LA EDAD MEDIA, LA INVESTIGACIÓN DE ROCAS, MINERALES Y, SOBRE TODO, METALES, corría a cargo de los alquimistas. En 1556, un doctor alemán los abordó con un enfoque más clarividente.

El objetivo central de la alquimia era descubrir la magia tras lo que ahora conocemos como reacciones químicas. El alquimista medio estaba interesado en hacerse rico, creando oro a partir del plomo y descubriendo el elixir de la vida. Un trabajo infructuoso, pero que dio pie a un catálogo de sustancias útiles, en especial diferentes tipos de metales. En 1556, Georg Pawer, médico de un pueblo minero en lo que hoy es la República Checa, publicó un compendio de mineralogía, titulado *De re metallica* (*Sobre los metales*). Eligió el seudónimo de Agricola (que significa «agricultor» en latín, al igual que *pawer* hace en algunas partes de Alemania). El libro describía cómo reconocer los minerales, dónde encontrar depósitos y la tecnología más avanzada de minería y fundición en el siglo XVI. El de Agricola no fue el único manual de tecnología de la época, pero sí el más representativo, y se seguía publicando 200 años después.

El libro de Agricola incluía diversos consejos prácticos —salpicados con ilustraciones— sobre cómo encontrar y extraer minerales.

24 | El submarino

LA EXPLORACIÓN DEL INTERIOR DE LOS OCÉANOS COMENZÓ CON LA CAMPANA DE BUCEO. En 1578, el matemático británico William Bourne impulsó la idea de un barco con el que se pudiese remar bajo el agua. ¡Todo un desafío!

El diseño de Bourne era una nave construida en cuero impermeable sobre un marco de madera, y se sumergía mediante trinquetes manuales para tirar de los lados, para reducir así su volumen. Bourne nunca construyó su barco, por lo que los honores para el primer submarino operativo recaen en Cornelius van Drebbel, un inventor holandés. El submarino de Drebbel era similar al propuesto por Bourne, con un casco exterior de cuero engrasado sobre un marco de madera. Los remos, que se disponían a través de solapas de cuero ajustadas, proporcionaban la capacidad de propulsión. En 1620, Drebbel dirigió con éxito su embarcación de entre 4 y 5 m bajo las aguas del río Támesis en Londres, Inglaterra. Desde entonces, la tecnología submarina evolucionó con fines militares y hasta 1960 no se desarrollaron embarcaciones para la exploración de aguas profundas.

Esta ilustración del submarino sumergido de Drebbel es tan solo una ilusión. Las aguas del Támesis que cruzan Londres no permitirían ver un barco bajo el agua, sobre todo en el siglo XVII, antes de que apareciesen las alcantarillas.

25 | Presión del aire

«LA NATURALEZA ABORRECE EL VACÍO» ES UN CONCEPTO QUE SE REMONTA A ARISTÓTELES Y LA GRECIA CLÁSICA. Pero las investigaciones sobre si un vacío era posible o no llevarían a conocer mejor la naturaleza de la atmósfera y proporcionarían un factor de peso para predecir el tiempo.

Como muchas anécdotas científicas del siglo XVII, esta comienza con Galileo Galilei, ya famoso por sus descubrimientos sobre la forma y el comportamiento del Sistema Solar. En el apogeo de su carrera, en 1630, se le pidió que explicara por qué los sifones de agua no podían llevarla hasta una colina bastante alta. Por entonces se creía que una bomba extraería agua a través de un sifón y que al menos generaría la posibilidad de un vacío. El agua llenaría el espacio, obedeciendo el aforismo de Aristóteles, y se desplazaría por la tubería. Lo que Galileo dijo fue que incluso el poder del vacío tenía su límite. Tras la muerte de Galileo, su asistente, Evangelista Torricelli, volvió al problema del sifón y lo estudió en miniatura, a escala 10 veces menor. Taponó el extremo de un tubo de vidrio y lo llenó con mercurio, un líquido 14 veces más denso que el agua; luego, colocó el extremo abierto del tubo en un recipiente con mercurio. El mercurio del tubo descendía siempre hasta los 76 cm. Resulta que una columna de mercurio también tenía una altura máxima, aproximadamente 14 veces más pequeña que la de una columna de agua que marcaba el límite del sifón. Prueba más que suficiente para que Torricelli elaborase la teoría de las

El uso del tubo de mercurio de Torricelli para demostrar la existencia de la presión atmosférica tuvo consecuencias de largo alcance, no solo para la meteorología, sino también para ciencias como la física o la química.

MÁQUINA DE MOVIMIENTO PERPETUO

Cornelius van Drebbel se ganaba la vida llamando la atención de la realeza de Europa con sus inventos. Además del submarino, presentó el *perpetuum mobile*, o máquina de movimiento perpetuo. En realidad, era solo un complejo anillo tubular de vidrio, abierto en un extremo con una burbuja de aire atrapada por agua en el extremo cerrado. Con talento a raudales para el espectáculo, Drebbel mostró cómo el agua se movía sin cesar por el tubo. Dijo que se debía a las fuerzas de la mareas y de la astrología: a menudo variaba las explicaciones para adaptarse a según qué audiencias. Se dice que William Shakespeare se inspiró en el dispositivo para crear el personaje de Ariel, un espíritu esclavizado gobernado por el mago Próspero, en su obra *La tempestad*, de 1611. De hecho, el dispositivo de Drebbel se basaba tan solo en cambios naturales en la temperatura y la presión del aire alrededor del agua, lo que la empujaba hacia adelante y hacia atrás. Había versiones más sencillas en forma de «J», una curiosidad en los círculos científicos de la época, y resultaron un trampolín para la tecnología de termómetros (ver página 36).

bombas y el vacío. Descubrió que un líquido no se elevaba por el vacío, sino que lo empujaba el peso del aire. Una columna alcanzaba su altura máxima cuando su peso se equilibraba con el del aire. Esto le valió a Torricelli los derechos del barómetro –un dispositivo para medir la presión del aire– aunque otros habían estado cerca antes.

El tubo de mercurio de Torricelli se convirtió en imprescindible para una nueva generación de científicos ilustrados, y la tecnología de vidrio que utilizaba se mejoró 50 años después para fabricar los primeros termómetros de precisión.

SUBIDAS Y BAJADAS

Con Torricelli fallecido tempranamente por culpa de la fiebre tifoidea en 1647, el francés Blaise Pascal continuó la investigación al año siguiente. Envió a su cuñado, Florin Périer, a Clermont-Ferrand, a los pies del Puy de Dôme, un volcán extinto de 1 460 m de altitud. Périer situó un barómetro de mercurio en la ciudad, donde su nivel permaneció estable todo el día, y llevó otro dispositivo idéntico a la montaña. Périer midió meticulosamente el tubo mientras subía, y en cada parada observaba que el nivel del mercurio disminuía a medida que subía más y más. Sucedía como Pascal había predicho: la presión del aire, o el peso del aire, disminuía con la altitud, ya que había menos aire por arriba que empujase hacia abajo. También se observó, al nivel del mar, que la presión del aire fluctuaba hacia arriba y hacia abajo de una hora a otra y de un minuto a otro. La caída de los niveles de mercurio pronto se relacionó con períodos de clima lluvioso e inestable, mientras que las altas presiones se convirtieron en señal de clima tranquilo. Pero en ese momento, nadie conocía las razones que escondía dicho fenómeno.

26 | Informes meteorológicos

ES EVIDENTE QUE LOS CAMBIOS EN EL TIEMPO NO APARECEN DE REPENTE; HAY MUCHAS SEÑALES QUE ANUNCIAN SU LLEGADA. Si pudieran observarse en un área amplia, las predicciones meteorológicas mejorarían. En 1654, un duque italiano y un científico aficionado establecieron tal sistema.

Fernando II era un entusiasta mecenas de las nuevas ciencias que se desarrollaban en la Italia del Renacimiento.

Fernando II de Médici fue Gran Duque de Toscana y vivió en el Palacio Pitti, un lujoso edificio en el corazón de Florencia. Esta ciudad fue un epicentro del Renacimiento, y como entusiasta alquimista aficionado, Fernando estaba en contacto continuo con grandes artistas, ingenieros y una nueva generación de científicos, como Galileo. Se sentía atraído por todos los nuevos aparatos y artilugios que se inventaban, como el higrómetro (un medidor de humedad), el anemómetro (para medir la velocidad del viento), el barómetro (para la presión del aire) o el termoscopio, un precursor del termómetro. También se sabe que Fernando inventó el termómetro galileano (inspirado en las enseñanzas de Galileo), que utiliza bombillas de vidrio llenas de alcohol con diversas presiones. Estas bombillas flotaban en una columna de agua y se elevaban o descendían cuando las variaciones de temperatura alteraban su densidad. Tenía su interés, pero era difícil de usar.

A PRUEBA

Como uno de los hombres más ricos del mundo (aunque la fortuna de los Médici comenzaba a disminuir), Fernando envió sus dispositivos de medición por toda Italia y lejos, en lo que ahora es Austria, Francia o Polonia, creando las primeras estaciones meteorológicas del mundo. Los datos de estos lugares, 10 en total, se enviaron a Florencia para su análisis en la Academia del Cimento. Creada por el hermano de Fernando, Leopoldo, se puede traducir como Academia de Ensayos (o, mejor aún, «de Experimentos»). Se puede decir que se convirtió en una primicia mundial –un instituto científico–, pero los Médici la administraron como un club, y al final centraron su atención en otras cosas. Han sobrevivido pocos de esos registros meteorológicos, y ninguna de las conclusiones extraídas de ellos.

EL PRIMER HOMBRE DEL TIEMPO

A los Médici se les atribuye el primer servicio de observación meteorológica, pero el primer meteorólogo –que recopilaba registros meteorológicos sistemáticos– fue William Merle. Merle llevó a cabo sus trabajos a principios del siglo XIV en Oxford, Inglaterra. Mantuvo un registro diario del tiempo durante casi 15 años, el dato más antiguo de su tipo que nos ha llegado.

DATOS DE LARGA DISTANCIA

A pesar de su fracaso final, el ejemplo de los Médici condujo al desarrollo de redes de observación meteorológica en otros lugares. Otro salto adelante llegó en 1849, cuando el Instituto Smithsonian, en Washington D. C., comenzó a usar el telégrafo para recoger datos meteorológicos. El Smithsonian se fundó en 1846, y su primer director fue Joseph Henry (derecha), pionero de la tecnología electromagnética y uno de los inventores del telégrafo. Las observaciones realizadas todos los días en las 150 estaciones de todo el país se utilizaron para crear un mapa meteorológico diario, que se muestra para el público en el Castillo del Instituto Smithsonian.

27 Estratos rocosos

EN 1669, EL DANÉS NIELS STEENSEN —TAMBIÉN CONOCIDO POR SU FORMA LATINA, NICOLAS STENO— sentó las bases de la geología moderna al describir las cuatro reglas que rigen la formación de rocas en capas.

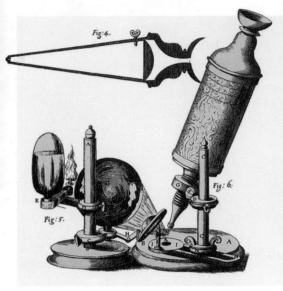

MIRANDO DE CERCA

Robert Hooke fue el primero en examinar fósiles bajo un microscopio, y publicó sus hallazgos en 1665, en el libro *Micrographia*. El microscopio era un instrumento novedoso por entonces, y gracias a él, Hooke observó las similitudes entre las estructuras de madera petrificada y la madera viva. Afirmó que el material orgánico se convertía en piedra si se sumergía en agua rica en minerales disueltos.

El interés de Steno en la historia de la Tierra y sus rocas se originó tras su trabajo sobre los fósiles (ver recuadro a continuación). Unos años más tarde creó una teoría general de la estratigrafía, la ciencia que se ocupa de los estratos o capas de roca, que se ven a simple vista en cualquier cañón u otro paisaje erosionado. Presentó la teoría en su ensayo de 1669 *De solido intra solidum naturaliter contento* (*Sobre los cuerpos sólidos de manera natural contenidos en un sólido*). Este trabajo contenía los principios que avalaron el campo de la geología física, que se refiere a las rocas, a los minerales y a las características del planeta a gran escala.

Steno era un investigador versátil. Además de reflexionar sobre el proceso de estratificación y sobre los fósiles, también le interesaba la estructura de los cristales que formaban las rocas.

CUATRO REGLAS

La primera regla de Steno fue el principio de superposición: «En el momento en que se formaba un estrato dado, había debajo otra sustancia que impedía el descenso de la materia fragmentada…». Después, el principio de horizontalidad original: «En el momento en que se formaba uno de los estratos superiores, el estrato inferior ya había adquirido la consistencia de un sólido». sus lados por otra sustancia sólida, o cubría toda la superficie esférica de la Tierra. El tercero era el principio de continuidad lateral: «En el momento en que se formaba un estrato dado, estaba rodeado por sus lados por otra sustancia sólida o cubría toda la superficie esférica de la Tierra. Por lo tanto, se deduce que en cualquier lugar donde se vean los lados descubiertos de los estratos, se debe buscar una continuación de los mismos estratos o se debe encontrar otra sustancia sólida». Por último, Steno estableció el principio de las relaciones transversales: «En el momento en que se formaba un estrato dado, toda la materia que descansaba sobre él era un fluido, y ninguno de los estratos superiores [vistos desde hoy] existían».

LENGUAS DE PIEDRA

En 1666, Steno recibió el encargo de diseccionar un tiburón. Mientras lo hacía, le sorprendió el parecido de los dientes del tiburón con unos trozos de piedra triangular, llamados lenguas de piedra. Steno afirmó que las lenguas de piedra eran, en realidad, dientes de tiburones del pasado, y que el tejido original de los escualos había sido sustituido, con el tiempo, por minerales. En otras palabras, los fósiles eran como instantáneas de la vida de distintos periodos de la historia.

29 | Los vientos

LOS ÉXITOS DE LOS VIAJES DE LA EDAD DE LAS EXPLORACIONES LOS EJECUTARON NAVEGANTES QUE USABAN LA FUERZA DE LOS VIENTOS que soplaban por los océanos. En 1735, un abogado explicó el patrón que seguían dichos vientos.

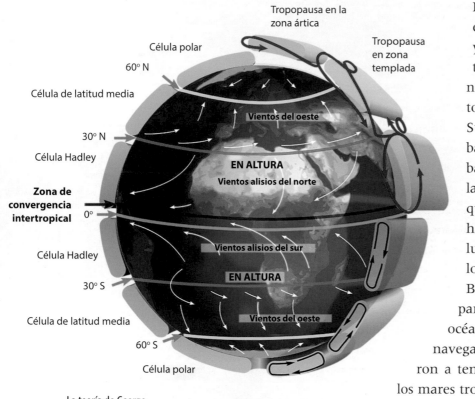

La teoría de George Hadley de circulación general del aire aún se utiliza para describir el movimiento de los vientos sobre la Tierra.

Para que un entusiasta explorador europeo navegase hacia el Atlántico y llegase a tierras exóticas, necesitaba tomar los vientos alisios del noreste. Desde Europa, los vientos alisios soplaban hacia el Caribe y Sudamérica. Para volver a casa, los barcos viraban hacia el norte y tomaban los vientos del oeste. Para ir hacia la India, por ejemplo, un barco tenía que navegar hacia el suroeste, casi hasta Brasil, con los vientos alisios; luego cruzaba el ecuador y tomaba los vientos del oeste cerca del cabo de Buena Esperanza para llegar hasta el océano Índico. Los navegantes aprendieron a tener cuidado con los mares tropicales (los que distaban 30° del ecuador), en donde los vientos solían cesar, lo que implicaba que un barco pudiese flotar sin rumbo. Estas regiones eran conocidas como las Latitudes del caballo, quizá porque los caballos eran el primer cargamento del que deshacerse cuando el suministro de agua dulce se agotaba al quedar las naves encalmadas (aunque existen otras explicaciones).

TEORÍA DEL CALENTAMIENTO SOLAR

A fines de la década de 1670, el científico inglés Edmond Halley, famoso por predecir el regreso del cometa que lleva su nombre, viajó hasta Santa Elena, una pequeña isla en el Atlántico Sur. Entre los relatos de su viaje, Halley presentó un mapa detallado de los vientos alisios (en la foto) y una teoría sobre el origen del viento. Afirmaba que el calor del sol es la fuente principal del movimiento del aire. En resumen, decía que el aire más cálido se elevaba a la atmósfera y se extendía, lo cual generaba los vientos. La dirección oeste de los vientos alisios se debía, dijo Halley, al aparente movimiento del Sol en el cielo. Esta idea es similar a las de la antigua China, que tanto dieron que pensar a Wang Chong 1600 años antes (ver página 17); al final, la teoría de Halley también se consideró deficiente.

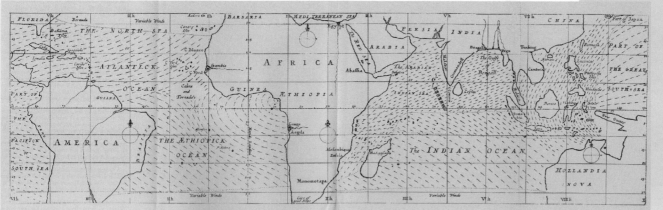

EL EFECTO CORIOLIS

¿Por qué los vientos no soplan directamente de norte a sur o viceversa? ¿Por qué los vientos dominantes cambian de rumbo? George Hadley observó que se debía a la rotación de la Tierra de oeste a este, pero no pudo explicar el mecanismo por completo. Sí lo logró 100 años después el matemático francés Gustave-Gaspard Coriolis. El efecto Coriolis se ve en la superficie de las esferas giratorias. Los vientos (o cualquier objeto en movimiento) que se mueven en línea recta trazan un arco curvo a través de la superficie. Al norte del ecuador, los vientos se mueven hacia su derecha, por lo que los vientos alisios del sur se desvían hacia el suroeste, mientras que los vientos del norte oscilan hacia el este (y se convierten en vientos del oeste). Al sur del ecuador, se desvían hacia el oeste. En teoría, el efecto hace que los remolinos, y el agua que fluye por los agujeros de los tapones, giren en direcciones opuestas en el norte (en sentido de las agujas del reloj) y en el sur (en el sentido contrario). Quienes viajan entre hemisferios a veces quieren comprobarlo y suelen salir decepcionados. Incluso el más leve remolino provocado por una salpicadura o gota se impondrá al efecto de la rotación de la Tierra.

AIRE EN CIRCULACIÓN

Varios científicos ofrecieron sus explicaciones de por qué los vientos seguían este patrón, en especial Edmond Halley (ver recuadro de la izquierda). Cincuenta años después, el abogado y meteorólogo aficionado George Hadley no aceptó la versión de Halley. En cambio, imaginó los vientos alisios como la parte menor de una gran circulación de aire. Expuso que el calor del sol en el ecuador provocaba que el aire cálido se elevase y se extendiese hacia el norte, a varios kilómetros sobre la superficie. Una vez en los trópicos, este aire se enfriaba y descendía sobre la superficie, donde luego volvía al ecuador de nuevo como viento. Esta circulación de aire es la que hoy denominamos célula de Hadley. Hay dos, una al norte del ecuador, otra al sur, que se mueven alrededor del globo.

Se forman células similares a cada lado de la célula de Hadley, solo que esta vez los vientos de la superficie soplan hacia los polos y se desvían debido a la rotación de la Tierra (ver recuadro de arriba), por lo que se convierten en vientos del oeste. En las regiones polares, otro tipo de célula produce vientos del este más débiles (pero muy fríos).

Los clíper fueron el no va más de la tecnología de navegación en el siglo XIX. Incluso cuando se fabricaban barcos de acero propulsados por motores, los viajes de larga distancia a la India y Australia aún se realizaban mejor con estos barcos estilizados, diseñados para tomar los fuertes vientos del oeste del sur.

30 | La forma de la Tierra

LA CIENCIA DE MEDIR LA FORMA Y EL TAMAÑO DE LA **T**IERRA SE
LLAMA GEODESIA. En el siglo XVIII llegaron las pruebas de que
nuestro planeta no es una esfera perfecta.

LA ESCALA CELSIUS

La escala Celsius ha reemplazado en gran
medida a la Fahrenheit debido a su diseño
más sencillo: 0° C es el punto de congelación
del agua y 100° C el de ebullición. El sueco
Anders Celsius, que da nombre a la escala,
no fue la primera persona en tener esta idea,
pero desarrolló su versión en 1742, unos años
después de participar en la misión geodésica
a la gélida Laponia. En principio, su escala se
centró en el frío, por lo que 100° era el punto
de congelación y 0° era el de ebullición. Poco
después de la muerte prematura de Celsius,
Carlos Linneo, el famoso biólogo, invirtió las
cifras. A pesar de las protestas de Linneo, la
escala se siguió llamando Celsius.

SVERIGE
2.40

Anders Celsius
1701-1744   EUROPA

Como era de esperar, Aristóteles fue uno
de los padres de la geodesia. Expuso que la
Tierra se mantenía unida porque su material estaba cayendo hacia su centro, y que por
esa razón formaba una esfera. En el siglo XVII,
esta descripción rudimentaria fue completa-
da con precisión por la teoría de la gravitación de Isaac Newton: la masa de la Tierra y
todo lo que estaba en su superficie era em-
pujado hacia el centro de gravedad. Todavía
quedaba una pregunta sin responder. A medida que la Tierra gira se genera una fuerza
centrífuga, lo que provocaría que el planeta se abultase. ¿Pero hacia dónde? Christiaan
Huygens, contemporáneo holandés de Newton, había indicado que la Tierra estaba aplanada en los polos como una naranja (el término matemático utilizado era «esferoide oblato») y
los cálculos gravitatorios de Isaac Newton avalaban esta idea.
El francés René Descartes pensaba lo contrario, que la Tierra
era prolata, más como un limón, con los polos puntiagudos.

JOURNAL
DU
VOYAGE FAIT PAR ORDRE DU ROI,
A L'EQUATEUR,
SERVANT D'INTRODUCTION HISTORIQUE
A LA
MESURE
DES
TROIS PREMIERS DEGRÉS
DU MÉRIDIEN.
Par M. DE LA CONDAMINE.

Opposuit Natura Alpemque nivemque. Juven. Sat. X.

A PARIS,
DE L'IMPRIMERIE ROYALE.
M. DCCLI.

*Primera página del
informe de la misión
geodésica al ecuador.*

UNA MISIÓN A MEDIDA

Una investigación reali-
zada por Jacques Cassini,
director del Observatorio
de París, halló que las
distancias cubiertas por un grado de latitud
(moviéndose hacia el norte a través de Francia)
parecían aumentar. Eso indicaba que la Tierra
era más prolata. Era crucial encontrar la forma
exacta, no solo con fines científicos, sino también para garantizar que los mapas, y las líneas
de latitud y longitud marcadas en ellos, fueran
representaciones precisas de la superficie del
planeta.

Para encontrar la forma de la Tierra, los
científicos necesitaban mediciones precisas de
las circunferencias polares y ecuatoriales de la
Tierra. Si fueran iguales, entonces el planeta

*La división nórdica de
la misión geodésica,
que se dirigió al Ártico
europeo, fue la primera
en descubrir la forma
exacta de la Tierra, en
1736.*

UN GRADO DE LATITUD

La latitud es una medida de la distancia al norte o al sur del ecuador. En la curva de la superficie de la Tierra, es más fácil de calcular y presentar en grados, las unidades utilizadas para medir ángulos (no la temperatura). Los navegantes aprendieron que podían encontrar la latitud por el ángulo de los cuerpos celestes. En el siglo XVIII se hacía con un sextante (un dispositivo impulsado, en parte, por el hermano de George Hadley, John). Para simplificar, imaginemos usar la Estrella Polar para calcular la latitud. Esta estrella se llama así porque está (casi) justo sobre el polo norte de la Tierra. Cuando su altura es de 90 °, es decir, justo arriba, nuestra latitud es de 90° N: estamos en el polo norte. Cuando la altura de la estrella es 0° o, en otras palabras, está en el horizonte (justo fuera de la vista), nuestra latitud también es 0° y estamos navegando por el ecuador. No era tan sencillo con el Sol, el objeto más grande y brillante del cielo, y el único visible durante el día. Sin embargo, los pioneros de la navegación a larga distancia compilaron tablas de almanaque que daban la latitud para cada altura solar de cada día del año. La precisión era crucial; unos pocos grados significarían cientos de kilómetros de desvío. Además, los cartógrafos y los científicos que buscaban un modelo matemático de la superficie planetaria necesitaban saber la longitud exacta en la superficie de una distancia de un grado. Si la Tierra fuera oblata (imagen azul) o prolata (imagen amarilla), el tamaño de un grado de latitud no sería el mismo en todo el planeta.

era una esfera perfecta. Sin embargo, todos sospechaban que uno era más grande que el otro. Si el grado de latitud ecuatorial era mayor, entonces la Tierra era oblata, pero si el grado de latitud aumentaba más cerca de los polos, el planeta era prolato, y la diferencia entre la lectura ecuatorial y polar ofrecería una estimación aproximada de la deformación de la Tierra.

Para responder a esta pregunta fundamental, el rey francés Luis XV envió dos misiones. La primea quería medir un arco de meridiano en el ecuador. En 1735, un equipo partió hacia el territorio español de Quito (en Ecuador) que tardó un total de cuatro años en regresar a Francia con sus resultados. Mientras tanto, otro equipo, en el que estaba el sueco Anders Celsius (antes de hacerse famoso con su escala de temperatura centígrada, ver recuadro a la izquierda), fue a Laponia, en Escandinavia, una de las tierras más cercanas al Polo Norte. Allí midieron una longitud de arco similar –la distancia alrededor de una sección curva de la Tierra–, al igual que la misión ecuatorial. Ambos resultados mostraron claramente que Huygens y Newton estaban en lo correcto. Vivimos en un planeta achatado que se abulta en el medio y es más plano en la parte superior e inferior.

En 1836 se construyó un puesto de observación que reproducía el utilizado por la misión geodésica francesa en Ecuador, a fin de conmemorar el centenario de la expedición.

31 | Mapas geológicos

EN 1743, UN MÉDICO INGLÉS Y CIENTÍFICO AFICIONADO IDEÓ UNA NUEVA FORMA DE ENTENDER LA TIERRA BAJO NUESTROS PIES. Dibujó un mapa que, en lugar de ríos, carreteras y pueblos, mostraba las capas de las rocas.

En 1815 se publicó una versión en color del mapa del influyente mapa de William Smith.

El creador de este primer mapa geológico se llamaba Christopher Packe, y su mapa del área de Canterbury (o como él lo llamó: *A Dissertation upon the Surface of the Earth, as delineated in a specimen of a Philosophico-Chorographical Chart of East-Kent*) se publicó sin mucho ruido, pero fue presentado a la Royal Society de Londres. Los mapas de depósitos minerales y ubicaciones mineras se remontan a la antigüedad, pero el mapa de Packe era distinto. Su idea era mostrar dónde llegaban a la superficie ciertos estratos rocosos y los límites donde aparecían nuevas rocas en la superficie. La roca anterior desaparecía de la vista en este lugar, pero todavía estaba allí, bajo el terreno. Los principios de estratigrafía de Steno decían que las capas de roca se formaban, más o menos, de manera horizontal, así que el prototipo de mapa de Packe mostraba que las capas se habían inclinado y deformado desde su formación, y ahora salían a la superficie un poco como los granos del serrín.

MÁS DETALLE

Otros geólogos tuvieron ideas similares y elaboraron mapas geológicos más elaborados y detallados. En 1746, Jean-Étienne Guettard creó un mapa mineralógico de Francia, pero carecía de la estratigrafía del mapa de Packe. A finales del siglo XVIII, el ingeniero de minas William Smith trazó un mapa geológico de toda Gran Bretaña. Se dice que este mapa cambió el mundo porque sus contundentes ilustraciones alteraron la forma en que los humanos veían su planeta.

En el siglo XIX, los mapas geológicos empezaron a incluir unas nuevas secciones transversales, como esta de Glencoul Thrust, de las Highlands de Escocia.

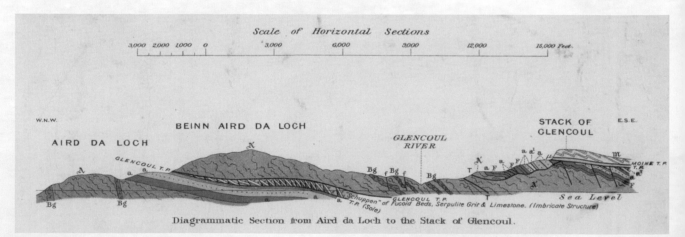

Diagrammatic Section from Aird da Loch to the Stack of Glencoul.

32 | Terremotos

LOS HABITANTES DE LA ANTIGÜEDAD CONOCÍAN BIEN LOS TERREMOTOS. Siguen siendo la fuerza más destructiva del planeta, y aún luchamos por predecirlos. Un terremoto devastador, en 1755, ofreció pistas sobre lo que sucedía.

Lisboa sufrió un triple desastre: terremoto, maremoto e incendios. John Michell afirmó, correctamente, que el terremoto de 1755 tuvo su epicentro en el fondo del mar.

El terremoto en cuestión devastó Lisboa, la capital de Portugal. Tras el terremoto, que creó grandes grietas en las calles y plazas de la ciudad, los supervivientes se refugiaron en los muelles. Unos 40 minutos después del terremoto, llegó el maremoto, e inundó los muelles. Las áreas que no se inundaron quedaron atrapadas en una tormenta de fuego, causadas por todas las velas que cayeron cuando el suelo tembló. Lisboa y otras comunidades costeras quedaron devastadas, hasta 100 000 personas fallecieron y el reino de Portugal nunca recuperó su estatura en el escenario mundial.

CAUSAS Y OBSERVACIÓN

En 1760, el polímata inglés John Michell –quien también indagó en el electromagnetismo y la astronomía y fue uno de los primeros defensores de lo que ahora se llaman agujeros negros– presentó su artículo *Conjeturas sobre las causas y observaciones sobre los fenómenos de los terremotos* a la Royal Society. Le valió la elección como miembro de ese prestigioso club científico.

Basado en una investigación sobre el terremoto de Lisboa de 1755, el informe de Michell establecía una idea básica sobre los terremotos que hoy todavía es válida: un terremoto comienza en un solo punto subterráneo, llamado foco. En este lugar, los estratos de roca se han movido de pronto, ya sea por una grieta previa en los estratos o por una nueva (estas discontinuidades son las que ahora conocemos como fallas). El punto en la superficie sobre el foco se llama epicentro, y Michell utilizó su investigación sobre dónde y cuándo sucedió el terremoto de 1755 para deducir que los temblores de tierra se extendían desde el epicentro en forma de ondas por las rocas de la Tierra, como las ondas en un estanque.

En la actualidad, los sismólogos estudian los terremotos que detectan la dirección e intensidad de las ondas que se mueven por el planeta.

33 | ¿Por qué flota el hielo?

LOS TERMÓMETROS DE PRECISIÓN OFRECIERON detalles de cómo afectaba la subida (o bajada) de la temperatura a los materiales. Hacia 1750, todo aquello reveló una propiedad específica del agua.

Solo se ve la punta del iceberg en la superficie del océano. El hielo está en un agua fría, cuya densidad es bastante menor que el agua más salada de otras partes del océano. El hielo marítimo, que es agua salada congelada, tiende a formar placas en la superficie del océano.

En la década de 1750, el químico escocés Joseph Black descubrió que a medida que el hielo se calienta, su temperatura aumenta, pero cuando comienza a derretirse en agua, el aumento de la temperatura se detiene. Solo cuando el hielo desaparezca, el calor extra se plasmará como aumento de la temperatura (del agua, en esta ocasión). Black llamó a este fenómeno calor latente. Muestra que mientras se derrite el hielo, la energía térmica se utiliza para romper los enlaces químicos que lo mantienen como una masa sólida.

El hielo ocupa más espacio que el agua: por eso los envases congelados pueden agrietarse. El aumento en el volumen se debe a que las moléculas de agua se reorganizan a medida que se unen en un sólido. Esa misma masa en un volumen mayor significa que la densidad del hielo es menor que la del agua, por lo que el hielo flota en el agua líquida. Ningún otro material sólido natural flotará en su forma líquida. En entornos naturales, eso significa que se forma hielo en la superficie de los cuerpos con agua, lo que tiene consecuencias de largo alcance. El hielo superficial aísla el agua debajo y evita que se congele, proporcionando espacio para la vida acuática, incluso en invierno. Además, el hielo está expuesto a la luz solar, por lo que se derrite. Si se hundiera en el fondo del océano, entonces se acumularían gruesas capas de hielo en el fondo del mar, lo que alteraría la geología y el clima de la Tierra.

34 | Rocas ígneas

OBSERVAR LA FORMA EN QUE SE ENFRÍA EL VIDRIO FUNDIDO dio pie a la idea que se convirtió en un principio básico para nuestra comprensión sobre la formación de rocas.

James Keir era un industrial escocés muy interesado en las nuevas ciencias, básicas para la Revolución Industrial que se apoderó de Gran Bretaña en su momento. Fue una figura destacada de la Sociedad Lunar, una reunión informal de intelectuales de ideas afines, entre los que se encontraban Erasmus Darwin (el abuelo de Charles), James Watt (el ingeniero del vapor) o Benjamin Franklin, durante su estancia en Inglaterra. En 1776, Keir presentó un documento en el que

Un grabado de 1778 muestra cómo la lava forma columnas de roca (basalto) a la vez que se encuentra con el agua del río.

proponía que las rocas de hoy se formaron en el pasado a partir de lava fundida, de la misma manera que el vidrio fundido se solidifica.

En la actualidad, la roca formada así se denomina ígnea, que significa «del fuego». Las rocas ígneas formadas por la lava en la superficie, como el basalto, se enfrían muy rápido al contacto con el agua o el aire, y también tienen cristales pequeños. El granito es el mayor ejemplo de las rocas que se enfrían mucho más lento en cámaras subterráneas llenas de magma (que solo podemos llamar lava una vez llega a la superficie). Se caracterizan por tener cristales mucho más grandes.

Las paredes del parque de Yosemite, como El Capitán, son enormes masas, o batolitos, de granito que se formó bajo tierra, y que aparecieron cuando las rocas de menor tamaño a su alrededor se erosionaron.

35 | Edad de la Tierra

EN UNA LECTURA LITERAL DE LA BIBLIA, apoyada en su larga lista de descendientes de Abraham, indica que la Tierra se creó en el 4004 a. C. En 1779, un noble francés tuvo una idea para comprobar la verdadera edad de nuestro planeta.

El noble era Georges-Louis Leclerc, conde de Buffon. Fue el principal naturalista de su época, que apoyó la reforma de la casa de fieras real y los jardines botánicos cerca de París. Una generación o dos antes que Charles Darwin, el conde también comenzó a recabar ideas para una teoría de la evolución. Este trabajo lo llevó a preguntarse sobre los orígenes de la Tierra y el Sistema Solar. Rechazó la edad de la Tierra según establecía la Biblia, y en su lugar lanzó la teoría de que el planeta se formó cuando un cometa golpeó el Sol, arrojando material caliente. Desde entonces, el planeta había ido perdiendo calor de manera continua. La actividad volcánica era una prueba clara de que todavía había mucho calor bajo la superficie, y razonó que el campo magnético de la Tierra indicaba que el planeta debía contener mucho hierro. Así, pensó que podía usar la velocidad de enfriamiento de este metal para estimar la edad de la Tierra. Calentó una pequeña esfera de hierro al rojo vivo, esperó a que se enfriase y extrapoló sus resultados –con una técnica matemática ideada por Isaac Newton–, para encontrar el tiempo que tardaría en enfriarse una esfera del tamaño de la Tierra. Su respuesta: 75 000 años; seguía siendo errónea, por supuesto, pero era una primera pista para reconocer que el planeta era mucho más viejo de lo que se pensaba.

El conde de Buffon fue el director del Jardín del Rey, el jardín botánico real.

La idea del conde de Buffon se inspiró en el trabajo que Isaac Newton había llevado a cabo 70 años antes, sobre el proceso de enfriamiento del hierro y otras sustancias al rojo vivo.

36 | Teoría sobre la Tierra

LE GEOLOGÍA MODERNA COMIENZA CON EL TRABAJO del granjero e ingeniero escocés James Hutton. En 1788 publicó una descripción general de cómo se formaron las rocas en su libro *Teoría de la Tierra*.

Durante su labor en los campos de las llanuras escocesas y mientras cavaba canales, Hutton observó con detenimiento lo que había bajo el suelo. A fines de la década de 1750, comenzó a valorar cómo se formaron las rocas. Hutton estimó que una roca con una composición concreta bajo tierra se había creado a partir de una capa de fragmentos formada en la superficie en un pasado. Esos materiales antiguos eran el mismo tipo de cosas que ahora cubrían la superficie: arena, conchas o arcilla. Esta idea fue una vuelta sobre el trabajo de Shen Kuo varios siglos antes (aunque es poco probable que Hutton supiera de este pensador chino).

James Hutton pasó casi 30 años estudiando cómo lo que veía bajo tierra y en la superficie se relacionaba con la formación de rocas.

UNIFORMISMO

El enfoque de Hutton era que «el presente es la clave del pasado». En 1785 resumió sus ideas en una teoría que llamó uniformismo. Según ella, los procesos que formaron rocas en el pasado remoto son los mismos que los que se pueden ver en el presente. Hutton dijo que la roca se forma cuando las capas de material fragmentado, como el barro o la arena, que cubren la superficie quedan enterradas

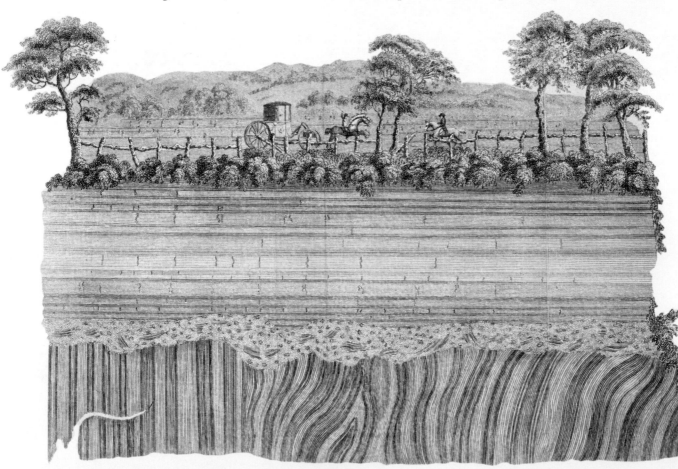

En 1787, James Hutton descubrió una fractura importante en las capas de roca, o estratos, a lo que llamó discordancia. Más tarde observó la misma fractura —ahora conocida como discordancia de Hutton— en varios lugares de Escocia. Este dibujo fue hecho en Jedburgh. Muestra cómo las capas de roca más antiguas se levantaron casi hasta la vertical, y se formaron nuevas capas horizontales en la parte superior.

por capas más nuevas, o sedimentos, que se forman en la parte superior. Durante un largo periodo, los sedimentos se comprimen hasta que se unen en una piedra. Son las rocas que hoy llamamos sedimentarias, como las areniscas o las calizas.

DESHACERSE EN POLVO

Las rocas no duran para siempre. Los sedimentos se forman de varias maneras, pero la más común es por desprendimiento o erosión de las rocas más antiguas. El proceso de debilitamiento, conocido como meteorización, implica una combinación de procesos químicos, biológicos y físicos (como el viento y la lluvia). El polvo y los granos se eliminan por acción del agua o del viento, y forman nuevos sedimentos. Los procesos que Hutton describió eran lentos y llevaban a pensar en una Tierra muy vieja.

EL CICLO DE LAS ROCAS

La teoría del uniformismo de James Hutton respalda esta imagen moderna de la manera en que se forman, transforman y destruyen las rocas. Además de rocas ígneas y sedimentarias, el ciclo de las rocas incluye rocas metamórficas que se transforman por calor y presión (ver más en página 117).

37 | Neptunismo

A REBUFO DE *TEORÍA DE LA TIERRA* DE JAMES HUTTON, LLEGÓ UNA TEORÍA ALTERNATIVA. El alemán Abraham Gottlob Werner propuso que las rocas se formaban en el fondo del mar.

Antes de que el trabajo de Hutton tuviera la oportunidad de extenderse por del pensamiento científico (no se publicó hasta 1795), había dos escuelas de pensamiento enfrentadas sobre los orígenes de las rocas. Los plutonistas –que tomaban su nombre del dios romano del inframundo, que reinaba en un reino volcánico caliente–, creían que las rocas se formaban a partir de la actividad volcánica, sobre todo a raíz de que la lava y el magma se enfriaban. Los neptunistas, liderados por Werner, se debían al dios del océano. Afirmaban que las rocas se formaron poco a poco a partir de la deposición de cristales en el fondo marino, creados a partir de sustancias químicas disueltas en el agua del mar. Este proceso se pudo observar en el laboratorio y en la creación de formaciones rocosas en cuevas y cascadas. ¿No ocurriría también bajo el océano? Nadie pudo determinar quién llevaba la razón. El debate continuó hasta el siglo XIX, cuando las ideas plutonistas se impusieron, ya que se incluyeron como parte de la teoría más amplia de Hutton.

Abraham Gottlob Werner afirmaba que la Tierra había comenzado como una bola de agua, y que había llegado poco a poco a su estado actual de un núcleo rocoso en su centro.

38 | Extinción

Sᴉ ʙɪᴇɴ ꜱᴇ ᴀᴄᴇᴘᴛó Qᴜᴇ ʟᴏꜱ ꜰóꜱɪʟᴇꜱ ᴇʀᴀɴ ʀᴇꜱᴛᴏꜱ de animales muertos en un pasado remoto, se creía que pertenecían a especies aún vivas. En 1796, Georges Cuvier demostró lo contrario.

Cuvier hizo dibujos para comparar la anatomía de la mandíbula de un elefante indio (arriba a la derecha) con la especie extinta, el mamut (abajo a la derecha).

Cuvier era experto en anatomía de vertebrados y estudió los huesos fósiles de lo que parecían rinocerontes y elefantes (desenterrados cerca de París, lo que probaba que la naturaleza francesa había sido bien distinta en un pasado remoto). Cuvier pudo demostrar que estos esqueletos pertenecían a diferentes tipos de animales de los hoy vivos, en cualquier parte de la Tierra. Esta fue la primera prueba de que la vida podría extinguirse. Desde el punto de vista de Cuvier, los animales habían sido creados en la Tierra en varios episodios, cada uno de los cuales terminaba con una catástrofe (utilizó la palabra «revolución») que causó su extinción. Otros lo vieron como la prueba de que la vida era capaz de cambiar o evolucionar gradualmente.

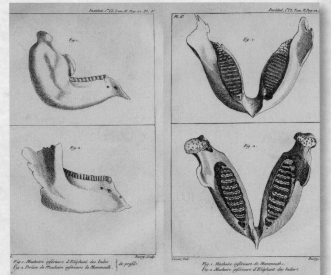

39 | Clasificación de las nubes

Fᴀʀᴍᴀᴄéᴜᴛɪᴄᴏ ᴅᴇ ᴘʀᴏꜰᴇꜱɪóɴ, Lᴜᴋᴇ Hᴏᴡᴀʀᴅ ᴇʀᴀ ᴜɴ ᴇɴᴛᴜꜱɪᴀꜱᴛᴀ ᴀꜰɪᴄɪᴏɴᴀᴅᴏ ᴇɴ ᴏᴛʀᴏꜱ ᴄᴀᴍᴘᴏꜱ. Primero se interesó en el polen, pero más tarde giró su atención hacia arriba y puso su pensamiento en las nubes.

¿QUÉ ES UNA NUBE?

Una nube está hecha de pequeñas gotas de agua dispersas en el aire. Las gotas se forman alrededor de un núcleo sólido, una pequeña mancha de polvo o hielo que flota en el aire. El vapor de agua se condensa alrededor de este núcleo y, a medida que aumenta la humedad, o baja la temperatura, la condensación aumenta y las gotas se hacen más grandes. Por último, las gotas son demasiado pesadas para flotar en el aire y caen en forma de lluvia. La nube es un tipo de mezcla llamada coloide, en el que los componentes se distribuyen uniformemente pero uno de ellos (el agua) es mucho mayor que el otro (las moléculas de aire). Esta disposición dispersa la luz en un tono blanco uniforme. Las nubes de lluvia nos parecen oscuras y grises porque la luz del sol se refleja hacia arriba, en dirección contraria al ojo.

Howard era inglés, así que tuvo muchas oportunidades para ver nubes de todo tipo en el cambiante clima británico. En 1802 presentó la primera versión de su *Ensayo sobre las modificaciones de las nubes*, a la que siguieron varias ediciones posteriores.

El ensayo expuso los procesos físicos por los que se formaban las nubes: acciones como la evaporación, la saturación y la condensación, que Howard conocía bien por su trabajo en el laboratorio químico. Sin embargo, lo que aún perdura del trabajo de Howard fue la forma en que clasificó las nubes, ya que utilizó nombres todavía en vigor (aunque extendidos; ver más en página 70). El sistema de Howard divide las nubes en tres tipos principales: el cirro, el cúmulo y el estrato. Los cirros son delgados, tenues y

filiformes. El nombre proviene del latín para «mechón de pelo». Howard afirmó que los cirros son los primeros en aparecer en un cielo azul. Suelen estar a gran altura y, por lo tanto, no parecen moverse. Luego vienen los cúmulos, llamados así por la palabra latina para «pila». Los cúmulos son las nubes mullidas, tan bajas como para parecer moverse de forma apreciable por el cielo cuando sopla el viento. Finalmente están los estratos, que Howard describió como de una densidad entre las dos anteriores. Los estratos son los más bajos de los tres, y el término significa «capa», que refleja la forma en que se disponen, cerca del horizonte. Entre la poesía y el misterio, Howard los llamó «nubes de la noche».

El ensayo abordó la aparente fusión de dos tipos de nubes: el cirrocúmulo y el cirrostrato se forman cuando los cirros bajan. Un cumuloestrato, decía Howard, es similar a un hongo. Una nube formada por los tres tipos, el cumulocirroestrato, recibió un nombre menos complejo: nimbo. El nimbo es el tipo de nube que más interesa a muchos, porque, según Howard, es el único tipo que genera precipitaciones.

Arriba vemos dibujos de una edición de 1849 del trabajo de Howard sobre las nubes. De izquierda a derecha: nubes que se juntan antes de la tormenta; unos cirros sobre unos cumuloestratos; la niebla que se forma cuando un estrato toca suelo.

Este paisaje de Edward Kenyon de un día nublado inglés —en el que se observan cumuloestratos— se realizó a partir de bocetos que Howard proporcionó al artista.

40 | Velocidad del viento y tormentas

EN LOS INICIOS DEL SIGLO XIX, LOS VIAJES TRANSOCEÁNICOS COMENZABAN A FORMAR PARTE DEL DÍA A DÍA. Sin embargo, aún conllevaban cierto riesgo. En 1805, un marinero ideó un sistema para valorar las condiciones del mar, de manera que los marineros supiesen si debían seguir adelante o fondear lo antes posible.

A la par que ascendía en las filas de la Royal Navy, el marino irlandés Francis Beaufort se especializó en un nuevo campo llamado hidrografía. En 1795, el gobierno británico nombró al primer Hidrógrafo oficial, Alexander Dalrymple, cuyo trabajo consistía en medir y comprender los océanos (la forma de las costas, la profundidad del lecho marino) para cruzar datos, sacar conclusiones y conseguir a una navegación más segura. A principios de 1800, Beaufort estaba al mando de un buque de guerra enviado para escoltar buques mercantes que regresaban de la India a Gran Bretaña; durante este tiempo diseñó lo que llamó Escala de Vientos, que hoy conocemos como escala de Beaufort. En efecto, todavía está en uso, sobre todo para acontecimientos extremos, para hacernos una idea de la potencia de una tormenta –un vendaval de fuerza 9 o un huracán de fuerza 12–, aunque, por supuesto, los navegadores modernos cuentan con información meteorológica más detallada.

Arriba: Francis Beaufort influyó tanto con su escala y sus habilidades para la navegación que fue nombrado Hidrógrafo del Almirantazgo británico tras jubilarse.

Abajo: descripción original de la Escala de Vientos de Beaufort.

ANEMÓMETRO DE ROTACIÓN

La escala de Beaufort se basa, sobre todo, en el estado del viento y del mar, pero un anemómetro preciso siempre resultará una herramienta esencial. En 1846, el inventor irlandés Thomas Romney Robinson diseñó un nuevo anemómetro, una versión de cuatro cazoletas con un contador que contaba las rotaciones. Las cazoletas también creaban fuerzas aerodinámicas que aseguraban que el dispositivo girase con suavidad, ofreciendo una lectura precisa.

LA ESCALA DE BEAUFORT

La escala divide los vientos en 13 «fuerzas», definidas por la velocidad del viento y cómo puede evaluarse según las condiciones imperantes. Por ejemplo, una Fuerza 0 indica que no hay viento; la Fuerza 3 es una brisa suave de hasta 19 km/h, que crea unas crestas blancas en la superficie del mar. La Fuerza 7 corresponde a vientos de 50–61 km/h. En estas condiciones, el mar es agitado con olas que rompen y el viento es tan fuerte como para pulverizar el agua. En tierra se haría difícil caminar con normalidad. Para la mayoría de nosotros, un mar de la Fuerza 7 sería casi insoportable, pero para un marinero experimentado, serían circunstancias «moderadas». Las Fuerzas 8 y 9 son vendavales, que soplarían hasta 88 km/h. Luego viene la Fuerza 10, tormenta. Poco habitual tierra adentro, estos vientos de 102 km/h arrancarían los árboles, y el mar se volvería casi blanco con la espuma pulverizada. Una vez que el mar se vuelve del todo blanco, llega el final de la escala, un huracán Fuerza 12, con vientos superiores a 118 km/h.

41 | Registros fósiles

TRAS PROBAR QUE LOS ANIMALES (Y LAS PLANTAS) DE LOS TIEMPOS REMOTOS ERAN DISTINTOS A LOS CONTEMPORÁNEOS, Georges Cuvier se asoció con un ingeniero para demostrar que los fósiles nos pueden hablar sobre la historia de la Tierra.

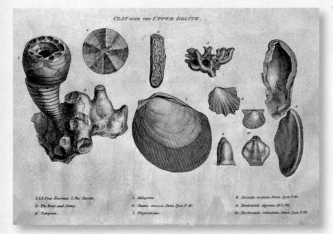

William Smith, uno de los primeros en crear un mapa geológico tras trazar uno en 1815, dibujó estos minuciosos registros de los fósiles que encontró en distintos estratos.

Tras su descubrimiento, a finales del siglo XVIII, de que las especies pueden extinguirse, Cuvier trabajó durante muchos años con Alexandre Brongniart para trazar un mapa de los fósiles en los alrededores de París. Brongniart era un mineralogista que trabajaba en la escuela minera de la ciudad, por lo que su trabajo consistía en estudiar las rocas que se encontraban bajo el suelo de la región. Esta estratigrafía –basada en el trabajo previo de Steno– fue adornada con los diferentes tipos de fósiles en cada capa.

BIOESTRATIGRAFÍA

Los primeros resultados de la pareja estaban listos en 1808, pero el artículo definitivo se demoró hasta 1811. El registro fósil que encontraron Brongniart y Cuvier mostraba que en un pasado remoto, la región de París había alternado cada cierto tiempo entre fondo marino, tierra firme y hábitat de agua dulce. Para Cuvier, era una prueba más de su catastrófica teoría de la vida en la Tierra, pero también era una del concepto de bioestratigrafía. Esta disciplina busca determinar la edad de las capas rocosas –al menos en comparación entre ellas–, aplicando el principio de sucesión faunística a los fósiles que hay en su interior (ver recuadro).

Las sucesivas investigaciones han sacado a la luz fósiles directores, formas de vida comunes en rocas de cierta edad. Si encontramos un fósil director (también llamado fósil índice, o fósil guía) en una roca estadounidense, nos dirá que esta roca tiene una edad similar a una roca china que contenga el mismo fósil índice. Por tanto, el registro fósil se puede utilizar para conectar formaciones geológicas en todo el mundo y empezará a revelarnos información sobre sucesos alejados en la larga historia de nuestro planeta.

SUCESIÓN FAUNÍSTICA

El registro fósil se basa en el principio de sucesión faunística, que dice que los restos fósiles –tanto de flora como de fauna–, aparecen en capas distintas, y las especies más antiguas se sitúan siempre en un estrato más profundo que las especies más nuevas. Por lo tanto, es imposible que un esqueleto humano aparezca en la misma roca que un fósil de dinosaurio. Sin embargo, las fuerzas geológicas a veces pueden plegar capas de rocas más recientes hasta que estén debajo de las más viejas.

42 | Climatología

ALEXANDER VON HUMBOLDT FUE UN HUMANISTA Y EXPLORADOR que abrió gran parte del mundo al escrutinio científico. Uno de sus legados más duraderos fue observar el clima a nivel global.

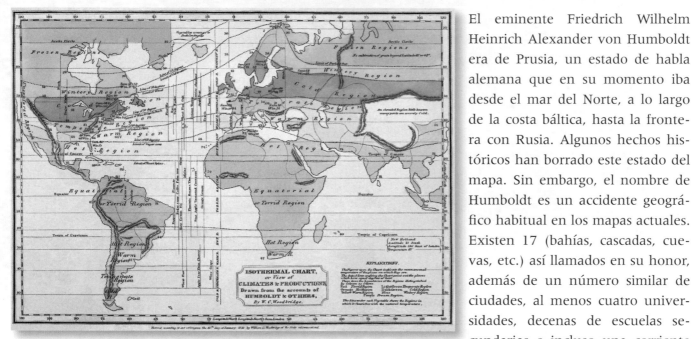

William Channing Woodbridge creó este mapa de color de las regiones climáticas a partir de los datos isotérmicos proporcionados por Humboldt.

El eminente Friedrich Wilhelm Heinrich Alexander von Humboldt era de Prusia, un estado de habla alemana que en su momento iba desde el mar del Norte, a lo largo de la costa báltica, hasta la frontera con Rusia. Algunos hechos históricos han borrado este estado del mapa. Sin embargo, el nombre de Humboldt es un accidente geográfico habitual en los mapas actuales. Existen 17 (bahías, cascadas, cuevas, etc.) así llamados en su honor, además de un número similar de ciudades, al menos cuatro universidades, decenas de escuelas secundarias e incluso una corriente oceánica que discurre hacia el norte a lo largo de la costa del Pacífico de América del Sur. ¿Qué hizo este polímata del siglo XIX para merecer todos estos reconocimientos? Por un lado, sus principales expediciones, entre 1799 y 1804, se dirigieron sobre todo hacia América, donde, en ese momento, los europeos aún no habían puesto nombre a buena parte de sus accidentes geográficos. En cualquier caso, Humboldt también dio inicio a varias áreas de las ciencias de la Tierra, como la biogeografía, la climatología y el estudio de cambios en el magnetismo del planeta.

MAPAS DEL CLIMA

La biogeografía explora cómo se ve reflejado el clima en la distribución de animales y plantas. Para ello, Humboldt adoptó una visión holística de las ciencias, y trató de unir la biología, los estudios climáticos y la geología para encontrar respuestas. Le llevó muchos años analizar la información que había reunido en sus expediciones a América y combinarla con datos de otras fuentes para crear un panorama geográfico global.

En 1817 fue pionero en el uso de isotermas en los mapas. Son líneas que conectan puntos en la Tierra con la misma temperatura media. Un mapa isotérmico muestra que la temperatura media existe en bandas más o menos ordenadas alrededor del globo, que crean regiones climáticas, aunque las primeras

versiones eran algo simplistas. Humboldt describió como tórridas a las regiones más cálidas en
el ecuador, y avanzando progresivamente hacia
el norte y el sur, las regiones se hacían calientes,
cálidas, templadas, frías, invernales y gélidas. El
patrón es bastante obvio, y este mapa, el primero de este tipo desde el descubrimiento y la car-
tografía de las principales masas de tierra, fue un
punto de partida para la climatología, una ciencia que busca comprender cómo varían los patrones climáticos en todo el planeta.

Alexander von Humboldt creó un mapa de la vida vegetal en las faldas del Chimborazo, un volcán a gran altitud en Ecuador, en el que daba cuenta del cambio de la flora según la altitud extremaba las condiciones ambientales.

Prismas de basalto en Santa María Regla en México, como figuran en el diario de viaje de von Humboldt a dicho país, en 1803.

BIOGEOGRAFÍA

Humboldt puso mucho interés en entender cómo las diferentes poblaciones salva-
jes de plantas y animales se asociaban con cada zona climática. En la actualidad, esta
búsqueda se ha refinado con el concepto de los biomas, zonas climáticas definidas
por los tipos de hábitats que cobijan, y comprenden factores
como la temperatura media, la lluvia y los cambios estacionales. Entre los biomas más conocidos están la selva tropical y los desiertos, que caerían en buena parte sobre la zona
tórrida de Humboldt, y la tundra y los pastizales, que se encuentran en lugares más fríos y secos.

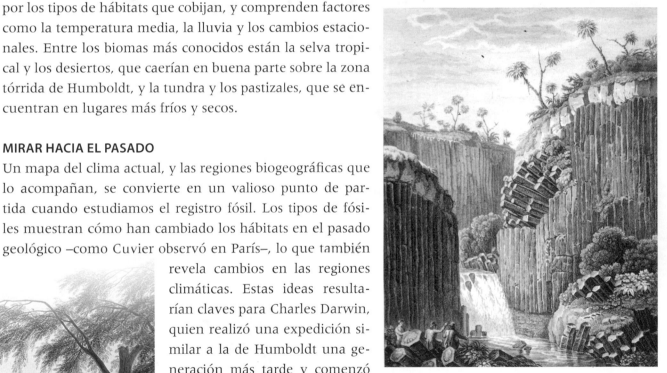

MIRAR HACIA EL PASADO

Esta pintura de 1810 muestra a Alexander von Humboldt (de pie) a los pies del Chimborazo, el volcán ecuatoriano. Debido al abultamiento en el ecuador, el pico de esta montaña es el punto terrestre más alejado del centro del planeta.

Un mapa del clima actual, y las regiones biogeográficas que
lo acompañan, se convierte en un valioso punto de partida cuando estudiamos el registro fósil. Los tipos de fósiles muestran cómo han cambiado los hábitats en el pasado
geológico –como Cuvier observó en París–, lo que también
revela cambios en las regiones
climáticas. Estas ideas resulta-
rían claves para Charles Darwin,
quien realizó una expedición similar a la de Humboldt una generación más tarde y comenzó
a preguntarse de dónde provie-

nen las diferentes formas de vida. Otros científicos estaban más interesados en las causas de los cambios en las
zonas climáticas. ¿Era porque todo el planeta se volvía
más cálido, más frío, más húmedo o más seco? ¿O porque
la tierra que se encuentra ahora en la región tórrida ecuatorial estuvo, en algún momento remoto, en otro lugar de
la superficie del planeta? Todas estas preguntas necesitaban respuestas.

43 | Mapas del tiempo

LOS MAPAS DEL TIEMPO DE LOS ESPACIOS QUE SIGUEN A LOS TELEDIARIOS O QUE APARECEN EN LOS PERIÓDICOS son hoy tan reconocibles como fungibles. Se basan en mapas sinópticos, que aparecieron por primera vez hacia 1820, de mano de Heinrich Brandes.

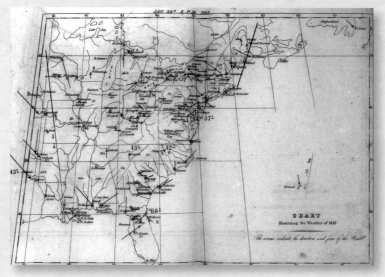

Este mapa meteorológico de 1843 es el más antiguo de EE. UU. Muestra el tiempo del 30 de enero de 1843 y lo creó James Pollard Espy para el Cirujano General del Ejército de EE. UU.

Además de brindarnos el mapa meteorológico, el científico alemán Brandes también sumó otra contribución a la meteorología: el estudio de los fenómenos meteorológicos. Este segundo aporte consistió en que la meteorología nada tiene que ver con los meteoros. Tras graduarse en 1800, Brandes trabajó como astrónomo –entre otras disciplinas– y pudo demostrar que los meteoritos, o estrellas fugaces, quedaban tan altos en la atmósfera que no tenían impacto alguno en la superficie.

Sin embargo, el término meteorología se mantuvo. Brandes hizo su segunda contribución a la ciencia 20 años después. Hoy es considerado como el padre de la «meteorología sinóptica», un galardón que solo tiene cierto predicamento entre los meteorólogos profesionales.

VISIÓN DE CONJUNTO

La palabra sinóptico significa «visto junto», y un mapa sinóptico –como lo llamó Brandes en el libro *Beiträge zur Witterungskunde* (*Contribuciones a la meteorología*)– es un resumen a gran escala (o sinopsis) de las condiciones climáticas en un momento concreto de un pasado cercano. A la tabla de Brandes le faltaban muchos detalles, sobre todo porque, por entonces, la capacidad de observar y recopilar información sobre el clima de un área extensa era limitada. Un mapa sinóptico actual cubre una región de la superficie de unos 1 000 km de diámetro, y contiene información sobre temperatura, velocidad y dirección del viento, así como presión del aire en varios lugares de la región. También puede registrar otra información, como el espacio que cubren las nubes. Esta instantánea a gran escala de las condiciones atmosféricas puede utilizarse para pronosticar cambios generales del tiempo.

La sinopsis de las condiciones meteorológicas en la costa Este de EE. UU. a las 10 p.m. del 12 de marzo de 1888 muestra el paso de una tormenta que provocó la Gran Nevada de 1888, también conocida como el «Gran Huracán Blanco».

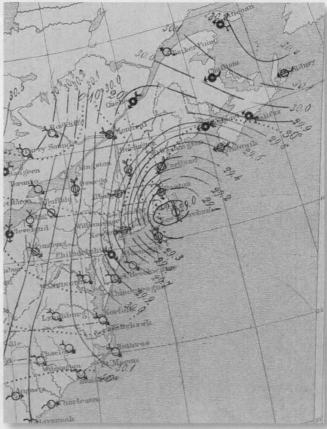

44 | Dinosaurios

EN 1822, UNA BÚSQUEDA DE FÓSILES EN UNA CANTERA INGLESA CONDUJO A UN DESCUBRIMIENTO que cambiaría nuestra visión de la historia natural. El pasado remoto no era como nuestro presente, ¡sino un mundo extraño gobernado por lo que parecían lagartos gigantes!

Hoy sabemos que estas criaturas antiguas pertenecían a un grupo aparte de reptiles al de los lagartos. En 1842, a estos monstruos les dieron un buen nombre –dinosaurios–, derivado de los términos griegos para «lagarto terrible». Muchos se habían encontrado huesos y dientes de dinosaurios a lo largo de la historia, pero sin saber lo que eran. En la antigua China se les llamaba «huesos de dragón».

La mayoría de los registros fósiles son moluscos, con conchas ricas en minerales que se prestan a la preservación de los sedimentos (de hecho, se pueden formar estratos enteros de calizas y roca calcárea a partir de conchas marinas). Sin embargo, a medida que los cazadores de fósiles adoptaron un enfoque más metódico, quedó claro que, además de los moluscos, había restos óseos de animales gigantescos y ya extintos, como esos reptiles gigantes que en algún momento poblaron la Tierra. Entre los primeros en ser desenterrados están los ictiosaurios, encontrados en 1811 (y ahora se sabe que están separados de los dinosaurios y de otros reptiles gigantes).

El primer dinosaurio identificado fue descubierto por el paleontólogo inglés Gideon Mantell en una cantera con abundantes fósiles en Sussex; primero fue un solo diente y luego apareció el esqueleto completo. Era un animal terrestre gigante con dientes como los de las actuales iguanas, por lo que Mantell lo llamó *iguanodon* («diente de iguana»). Desde los tiempos de Mantell, los dinosaurios no han perdido su fascinación. A pesar de su nombre, en realidad no son lagartos, sino que están más relacionados con los cocodrilos.

Ahora se conocen más de 1 000 especies fósiles, y seguramente se descubrirán más. Se cree que los dinosaurios se extinguieron hace unos 66 millones de años. Pero, en realidad, todavía nos acompañan unas 10 000 especies de dinosaurios. Solo que las llamamos pájaros.

MARY ANNING

Mary Anning recogió y vendió fósiles en Lyme Regis, en la costa sur de Inglaterra, donde abundan en los acantilados. Se convirtió en una experta en la búsqueda de reptiles marinos extintos, como el ictiosaurio, similar a un pez. Mujer y sin una educación universitaria, no tuvo acceso a participar en la vida científica, pero en la actualidad los estudiosos aprecian la importancia de sus descubrimientos e ideas.

Mary Anning trabajó con William Buckland en el estudio de fósiles de excrementos de dinosaurios y de otras criaturas extintas. Las piedras que se crean a partir de estos restos se llaman coprolitos.

Las primeras interpretaciones del esqueleto de *iguanodon* fueron de un animal que caminaba con sus patas traseras, mientras comía con la delanteras. Sin embargo, en realidad, pasaba la mayor parte de su tiempo a cuatro patas.

45 | *Principios de geología*

LAS INNOVADORAS TEORÍAS DE JAMES HUTTON SOBRE LA CREACIÓN DEL SUELO (o cómo se formaron las rocas) a partir de los sedimentos habían recibido poca atención. Un superventas editorial, hacia 1830, cambió la tendencia.

El libro se llamó *Principios de geología*, y su autor, Charles Lyell, continuó y amplió las ideas de *Teoría de la Tierra* que escribió Hutton 45 años antes. Redactó tres volúmenes; el último se publicó en 1833. Lyell aplicó los principios del uniformismo, que dice que podemos entender cómo se formaron las antiguas formaciones rocosas al observar los procesos que ocurren en el presente, a una escala mucho más amplia y global. Aunque no modificó la teoría aceptada, y fue criticado por crear un trabajo más bien teórico que basado en pruebas, los libros de Lyell tuvieron un gran impacto en la imaginación popular. Dos ávidos lectores fueron Robert FitzRoy, capitán naval y uno de los primeros pronosticadores del tiempo, y su amigo Charles Darwin.

A la izquierda: primera página del libro de Lyell, con su título completo: *Principios de geología: un intento de explicar los cambios del pasado en la corteza terrestre, a través de los procesos actuales.*

46 | Glaciaciones

AQUELLOS QUE VISITEN LOS VALLES DE LOS ALPES U OTRAS GRANDES MONTAÑAS SE PREGUNTARÁN cómo han acabado en mitad del campo o de un pueblo algunas inmensas rocas. ¿Cómo llegaron hasta allí? Con la respuesta se abre otra puerta del pasado oculto de la Tierra.

Quienes viven en las montañas dicen que los llevó hasta allí el glaciar de la zona, un torrente helado de hielo que fluye lentamente desde las cumbres. La lengua del glaciar acaba por derretirse, y deposita los distintos escombros que se ha llevado con el hielo. Forma un depósito de rocas llamado morrena, y en el siglo XVIII varios investigadores europeos, en los Alpes y otros lugares, identificaron las formaciones rocosas alejadas de un glaciar como morrenas. Seguramente, en algún momento del pasado, el hielo había depositado allí esas rocas. Esta fue la explicación ofrecida por James Hutton, entre otros.

GLACIACIÓN MUNDIAL

En 1824, el geólogo danés-noruego Jens Esmark propuso que el clima mundial cambiaba, creando períodos de frío que extendieron los glaciares por todas partes. Los geólogos de la

TESTIGOS DE HIELO

Un glaciar crece lentamente, a medida que se forman capas delgadas de hielo en su superficie, año tras año. Estas capas se parecen un poco a los anillos de crecimiento de un árbol. Si se perfora profundamente un glaciar, las capas de hielo pueden ayudar a determinar su antigüedad. Esto es lo que hizo Louis Agassiz en la década de 1840 con el instrumento que vemos aquí. Desde entonces, la perforación del interior del hielo ha avanzado mucho. Además de saber su edad, los testigos (muestras) de hielo son una cápsula del tiempo de las sustancias químicas presentes en el aire y el agua cuando se formó la capa de hielo. En ellos hay rastros de polvo de volcanes y otras catástrofes, o burbujas de aire que revelan los niveles de dióxido de carbono en el pasado.

época reflexionaron sobre esta idea, y cada cierto tiempo encontraban pruebas de antiguas glaciaciones. En la década de 1830, el botánico alemán Karl Friedrich Schimper estuvo muchos días en las montañas estudiando el musgo, pero también prestó atención a las rocas en las que crecía. Schimper creía que estas rocas eran la prueba de una edad de hielo. Le contó a su amigo suizo Louis Agassiz todas sus ideas, y comenzaron a trabajar juntos. En 1837, Schimper acuñó el término «glaciación» para las épocas en que la Tierra estaba bajo temperaturas especialmente bajas. Poco después, ese mismo año, Agassiz presentó su teoría a la sociedad naturalista suiza. No fue bien acogida, porque contradecía la opinión de que el mundo se enfriaba poco a poco desde su caldeada creación. Agassiz se dispuso a demostrar que sus detractores estaban equivocados, y en 1840 publicó *Estudios sobre los glaciares*, que no mencionaba a Schimper (ni a ningún otro). El debate entre los investigadores de las glaciaciones se acrecentó, y la teoría solo fue aceptada del todo con la obra de James Croll y su libro de 1875, *Clima y tiempo, en sus relaciones geológicas*.

Este mapa de 1885 muestra la ubicación del lago Agassiz, un extenso y antiguo lago glacial que cubría una parte de Canadá, llamado así por el investigador de las glaciaciones.

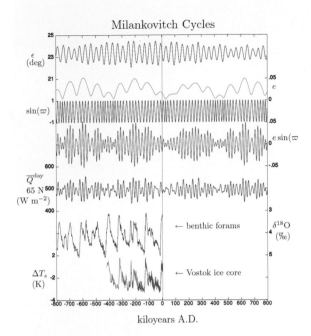

CICLOS DE MILANKOVIC

Llamados en honor de Milutin Milankovic, el geofísico serbio que los propuso en la década de 1920, estos ciclos (también conocidos como variaciones orbitales) surgen de los efectos acumulativos de la inclinación y rotación de la Tierra alrededor de su propio eje y su traslación alrededor del Sol. Durante miles de años, crean una variación cíclica en la cantidad de luz solar que llega a la Tierra. Como resultado aparecen las glaciaciones y otros extremos climáticos.

Las glaciaciones empezaron a descubrirse cuando los científicos fueron de vacaciones de verano a las altas montañas de Europa y visitaron los valles glaciares.

47 | Frentes meteorológicos

HAY UN CAMBIO EN EL TIEMPO CUANDO SE ENCUENTRAN MASAS DE AIRE DE DIFERENTES TEMPERATURAS. El borde de esas masas de aire se llama «frente», un concepto relativamente moderno con un antiguo origen.

Los hombres del tiempo suelen explicar sus pronósticos en términos de frentes meteorológicos. Esta idea fue desarrollada en la década de 1920, sobre todo por una escuela de meteorólogos noruegos, que algo sabían sobre el mal tiempo. Sin embargo, la idea principal –que el clima inestable, como la lluvia o el granizo, llega por una pared de aire cálido y húmedo que se encuentra con una zona de aire frío y seco que va en dirección contraria– ya la lanzó Elias Loomis en 1841. Loomis era un matemático que tocó muchos campos, razón por la que quizás los meteorólogos no prestasen mucha atención a esa idea en su momento.

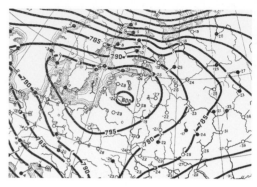

Un mapa meteorológico de la era soviética muestra una zona de alta presión sobre el oeste de Rusia y el norte de Europa. Las áreas de alta presión se asocian con frentes cálidos.

AIRE QUE SE MUEVE

Los frentes meteorológicos son más activos al norte y al sur de las zonas tropicales y ecuatoriales. Los frentes fríos se mueven de oeste a este, mientras que los frentes cálidos se mueven hacia los polos norte o sur. Los frentes fríos son empujados por el aire más denso que el que lleva los frentes cálidos y, por lo tanto, se mueven más rápido, y provocan chaparrones. Sin embargo, los frentes cálidos tienen más probabilidades de generar niebla.

En su libro de 1880, *Un tratado sobre meteorología*, Elias Loomis expuso el ciclo de vida de cinco partes de una tromba marina (un tornado oceánico) tal como lo observó: formación de una mancha oscura en la superficie del agua; espiral en la superficie del agua; formación de un anillo de espuma; desarrollo de la nube embudo y, al final, declive.

48 | Escala de tiempo geológico

LA IDEA DE USAR ESTRATOS DE ROCAS Y LOS FÓSILES QUE CONTIENEN COMO UN REGISTRO DE LOS SUCESOS GEOLÓGICOS DEL PASADO se consolidaba a mediados del siglo XIX. En 1841, John Phillips lo puso en orden para hacer una historia completa del planeta.

El trabajo de Steno, Cuvier y Mantell (por citar a algunos) generó una gran cantidad de información sobre la antigüedad de los estratos de roca. Phillips quizás estaba más influenciado por el trabajo de William Smith, ingeniero de minas reconvertido en geólogo, su tío materno y de quien fue aprendiz como geólogo cartógrafo. Phillips se labró su carrera por derecho propio como paleontólogo y conservador, y en 1840 fue asignado a un estudio geológico que se llevaba a cabo en Gran Bretaña. Se interesó por los fósiles paleozoicos, lo que significa «vida antigua». Al año siguiente, Phillips publicó la primera escala de tiempo geológica. Dividió el pasado en el periodo Paleozoico para la vida más remota; los fósiles más recientes, como los de los dinosaurios, se definieron en ese momento como pertenecientes a la Era de los Reptiles, seguida de la Era de los Mamíferos, que continúa hasta nuestros días. Phillips cambió el primer término por el de periodo Mesozoico, que significa «vida media», y el segundo por el de Cenozoico, «nueva vida».

LA ESCALA DE TIEMPO MODERNA

La idea de Phillips sigue siendo la base de la escala de tiempo de hoy (que se muestra en detalle en la página 118). Sus tres periodos son ahora eras, divididas en un total de 12 periodos, todos definidos por el registro fósil. Hay siete épocas anteriores con el periodo de la historia de la Tierra previo a que evolucionase la vida compleja.

Antes de que Phillips presentase las bases de la escala de tiempo moderna, el pasado se dividía de diversas maneras. Un esquema incluía la Era de los Reptiles, idea de Gideon Mantell, quien descubrió el primer dinosaurio.

John Phillips fue educado por su tío, el célebre geólogo británico William Smith.

49 *Manual de mineralogía*

EN 1848, EL GEÓLOGO ESTADOUNIDENSE JAMES DWIGHT DANA PUBLICÓ SU
MANUAL DE MINERALOGÍA, la primera guía completa de los minerales que se
encuentran en la naturaleza.

Dibujo incluido en el primer *Manual de mineralogía* de Dana, en el que muestran las distintas formas que adoptan los cristales minerales.

Las rocas no son más que conjuntos de minerales. Comprendamos la naturaleza química y física de esos compuestos naturales, y descubriremos cómo se forman las rocas. La dificultad reside en que diferenciar un mineral de otro puede ser tanto un arte como una ciencia, especialmente cuando son pequeñas partículas en las rocas. La obra de Dana de 1848 fue la primera incursión en este complejo mundo. Definió cada mineral de acuerdo con varias características, desde el color y la dureza hasta la estructura del cristal y la composición química. En la actualidad, los métodos de Dana han sido reemplazados por el sistema Nickel-Strunz.

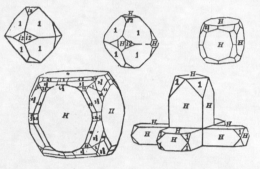

50 Plataforma continental y más allá

EN 1807, EL PRESIDENTE THOMAS JEFFERSON CREÓ LA COAST SURVEY
PARA REALIZAR LOS MAPAS DE LA COSTA y del lecho marino de EE. UU. Hacia
1840, mientras investigaban la ruta de la Corriente del Golfo, hicieron un
descubrimiento fundamental.

La US Coast Survey cartografió el lecho marino mediante una técnica llamada sondeo de profundidad. Tradicionalmente, se hacía lanzando por el costado de un bote una cuerda larga y delgada con un peso de plomo (o plomada) en el extremo que bajaba hasta tocar fondo. Si el resultado era 183 cm (2 yardas o 6 pies) de cuerda, la profundidad era de una braza. En términos generales, las aguas costeras iban más allá, y poco a poco, profundizaron más lejos de la costa y alcanzaron una profundidad de unas 150 brazas.

Se necesitaba una carta náutica decente para navegar con seguridad cerca de la costa, conocer la profundidad y evitar así encallamientos. Sin embargo, los sondeos en alta mar rara vez tocan fondo: el océano abierto es muy profundo. Incluso en la actualidad, con equipos de sondeo de radar y sonar, ignoramos la naturaleza de cualquier objeto menor de 5 km de diámetro en el océano profundo. Sin embargo, en 1849, la US Coast Survey –con máquinas de sondeo mecánicas para mayor precisión (ver recuadro)– descubrió que el fondo marino de la costa este era como una

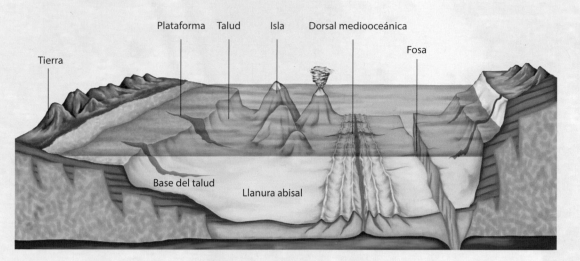

Tierra · Plataforma · Talud · Isla · Dorsal mediooceánica · Fosa

Base del talud · Llanura abisal

El lecho marino no es uniforme y monótono. En él hay montañas, volcanes y cañones, al igual que en tierra firme.

plataforma. Se mantenía plana, para luego desplomarse fuera del alcance del equipo de sondeo. La parte poco profunda es la plataforma continental, y los topógrafos estadounidenses habían descubierto que da paso al margen continental. Este fue solo el inicio del descubrimiento de un paisaje completamente nuevo sumergido en el mar.

MARGEN CONTINENTAL

El fondo marino bajo las aguas costeras sigue siendo parte de la tierra emergida. La corteza que forma el fondo oceánico profundo es considerablemente más delgada; de ahí la inmensa cuenca oceánica llena de agua. El margen continental es el límite entre los dos tipos de corteza, y conecta la zona de costa con el océano. Así, las plataformas continentales pueden llegar a extenderse a 320 km de la costa antes de llegar al borde, el inicio del talud continental. Si el océano se vaciase de agua, este borde de la plataforma sería el límite más marcado de la superficie terrestre.

El talud continental desciende al menos 2 000 m, hasta la base del talud. Esta es una pendiente más suave que conduce a la llanura abisal, el fondo marino plano a unos 6 000 m de profundidad (solo las fosas oceánicas son más profundas). La base del talud se forma sobre todo de sedimentos erosionados de la plataforma superior durante millones de años, o que se han desprendido por enormes terremotos que provocan una caída de rocas submarinas.

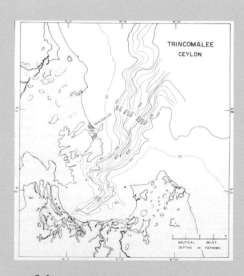

TRINCOMALEE CEYLON

NAUTICAL MILES
DEPTHS IN FATHOMS

CAÑÓN SUBMARINO

En 1857, los sondeos en la costa de California revelaron el primer ejemplo de un cañón submarino, hoy llamado Cañón de Monterrey. Los cañones submarinos, como el Cañón Trincomalee, en Sri Lanka (arriba), son accidentes comunes que atraviesan el talud continental y se van abriendo. Sus trazados son tan sinuosos como puedan serlos los terrestres.

MÁQUINA DE SONDEO

Se diseñaron varias máquinas de sondeo mecánicas que prestasen servicio a las flotas marinas en auge. La más exitosa fue inventada en 1802 por Edward Massey, un relojero de Inglaterra. La máquina se acopló a la misma cuerda que la plomada, que la llevó hasta las profundidades. A medida que se hundía, el agua inundaba un pequeño rotor, cuyo dial marcaba el aumento en profundidad. Este contador se detuvo una vez que llegó al fondo del mar y lo rescataron para su lectura.

51 | Corrientes oceánicas

MIENTRAS PENSABA EN FORMAS DE UNIFICAR LA RECOGIDA DE DATOS DEL VIENTO Y EL TIEMPO EN EL MAR, un experto en navegación estadounidense halló la manera de cartografiar las corrientes oceánicas con precisión. Todo lo que necesitaba era la cooperación de los barcos echados a la mar.

El mapamundi de Johann Zahn, de 1696, es un primer intento de describir las corrientes oceánicas.

La información precisa sobre el viento y otras circunstancias meteorológicas que podrían esperarse de una región a otra era un recurso valioso para las naves de los océanos. El superintendente del Depósito de Mapas e Instrumentos de la Armada de EE. UU., Matthew Fontaine Maury, que había sido parte de la primera circunnavegación oficial estadounidense, era muy consciente de que cualquier información carecía de fiabilidad. En 1853, Maury promovió la Conferencia Marítima Internacional, cuya primera reunión fue en Bruselas (Bélgica). Allí, se establecieron estándares internacionales para que los barcos tomasen registros meteorológicos y, aún más importante, los miembros de la conferencia también acordaron un sistema para compartirlo todo.

A LA CABEZA DEL JUEGO

La iniciativa de Maury fue el primer paso para crear un conjunto de datos universal de información meteorológica. Cuando hablamos de los cambios en el clima global actual, el punto de partida es la base de datos de las temperaturas del aire y del mar que Maury comenzó en la década de 1850, y que se ha continuado y ampliado desde entonces. Sin embargo, Maury ya tenía ventaja. Su prometedora carrera en el mar se vio truncada en 1839 por una lesión en la pierna, por lo que comenzó a reunir la mayor cantidad de información posible sobre las condiciones del océano, con el

El conocimiento de Matthew Fontaine Maury sobre las corrientes oceánicas se puso a prueba cuando un barco de la armada estadounidense desapareció en una tormenta hacia 1860. Maury calculó a dónde habría llevado la deriva a los supervivientes y dirigió a los rescatadores a ese lugar. ¡Sus predicciones fueron perfectas!

Un mapa de las principales corrientes oceánicas. Las flechas rojas muestran corrientes cálidas que suelen partir desde las regiones tropicales, mientras que las flechas azules son aguas frías de las áreas polares.

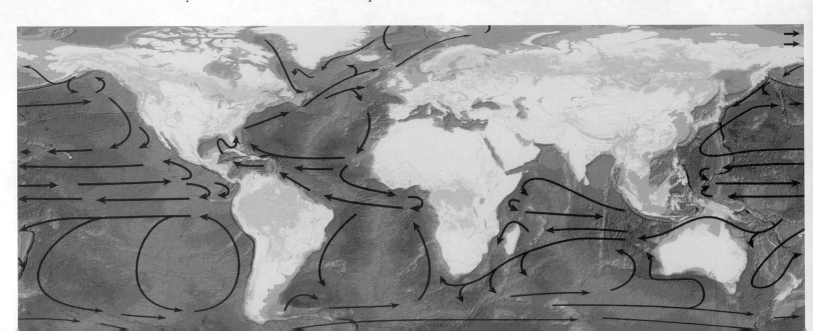

objetivo de crear cartas de navegación más precisas para aquellos que sí podían navegar. Un detalle importante fue la naturaleza de las corrientes oceánicas, o como las describía Maury (un cristiano comprometido), los «Senderos de los mares», como se describen en los Salmos.

Estudió los cuadernos de bitácora de barcos viejos, donde obtuvo información valiosa de más de un millón de datos con los que construir una imagen detallada de la velocidad y la dirección de las corrientes oceánicas en diferentes épocas del año, y el impacto de los vientos en la navegación por las corrientes (incluso siguió los desplazamientos de las ballenas con la esperanza de que condujeran a una vía marítima sin hielo a través del Ártico: no lo hicieron). Maury presentó sus hallazgos en 1851 en el informe *Direcciones de navegación y geografía física de los mares y su meteorología,* que se entregaba gratuitamente a cualquier barco estadounidense que acordase mantener un registro meteorológico diario, así como arrojar frascos, los «mensajes en una botella», en lugares designados en el mar. Se diseñaron para flotar justo bajo la superficie del agua, para que no se viesen afectados por el viento. Cualquier botella encontrada por otro barco o a lo largo de la costa se enviaba de vuelta a Maury, quien usó sus puntos de inicio y fin para refinar su mapa de corrientes oceánicas.

La conferencia original de Maury en Bruselas, en 1853, se convirtió en la actual Organización Meteorológica Mundial, parte de las Naciones Unidas y con sede en Ginebra.

52 | Parientes humanos

ENTRE LOS FÓSILES DE EXTRAÑOS SERES EXTINTOS, LOS PALEONTÓLOGOS DESENTERRABAN EN OCASIONES RESTOS DE ANTEPASADOS HUMANOS. En 1856, un análisis anatómico reveló que estos huesos no eran tan sencillos.

Los fósiles humanos se suelen encontrar en cuevas, donde han reposado durante miles de años. Esto ha conducido a la imagen de «hombres de las cavernas», pero nuestros antepasados no solían vivir en cuevas, solo que es ahí donde resulta más probable encontrar restos.

En 1829 se encontró el fósil de parte de un cráneo humano en la cueva Engis (Bélgica). Más tarde, en 1848, se desenterró uno completo en una cantera en Gibraltar. Se suponía que eran los restos de un ser humano como nosotros, un *Homo sapiens,* uno que vivió hace miles de años. Sin embargo, el siguiente descubrimiento mostraría algo más. En 1856, se encontró un esqueleto humano parcial en una cueva en el valle de Neander, o Neanderthal, en Renania, al oeste de Alemania. El espécimen Neanderthal constaba de una corteza ósea, dos huesos del muslo, tres huesos del brazo derecho, dos de la izquierda y fragmentos de la pelvis, el hombro y las costillas. El naturalista Johann Carl Fuhlrott y el anatomista Hermann Schaaffhausen demostraron que pertenecían a una especie relacionada con la nuestra, pero no a la misma. Tras ampliar su trabajo en 1864, a nuestros primos extintos se los llamó neandertales u *Homo neanderthalensis.* Los hallazgos anteriores de Engis y Gibraltar también resultaron ser neandertales, que vivieron en Europa hasta hace unos 37 000 años, y durante parte del tiempo compartieron territorio con los humanos. Ya se han identificado más de una docena de especies *Homo* extintas, que vivieron en algún momento en África, Europa, Asia y las islas del Indo-Pacífico.

53 Pronóstico del tiempo

PARA LA MAYORÍA DE NOSOTROS, PODER PREDECIR EL TIEMPO DE MAÑANA NOS AYUDA A SABER si pasaremos el día en la playa o si es mejor salir a la calle con chubasquero. Pero, no hace tanto, el pronóstico del tiempo podía ser una cuestión de vida o muerte.

Quien acuñó el término «pronóstico» del tiempo fue el capitán de navío Robert FitzRoy. Había sido el protegido de Francis Beaufort, cuya escala de intensidad del viento de 1800 resultó un sistema útil para juzgar las condiciones del mar en el aquí y el ahora, pero no podía predecir qué sucedería después. En 1854, FitzRoy, una vez retirado del mando, creó la Oficina Meteorológica para el gobierno británico. Su trabajo consistía en reunir datos meteorológicos estandarizados del transporte marítimo británico, con el objetivo de incluir información climática en las cartas marinas.

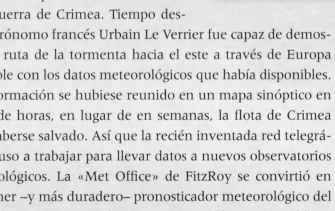

SURGE LA OPORTUNIDAD

Ese mismo año, poco después, una gran tormenta azotó el mar Negro. Se perdieron barcos que llevaban provisiones de invierno para las fuerzas francesas y británicas que luchaban contra los rusos en la guerra de Crimea. Tiempo después, el astrónomo francés Urbain Le Verrier fue capaz de demostrar que la ruta de la tormenta hacia el este a través de Europa era previsible con los datos meteorológicos que había disponibles. Si esta información se hubiese reunido en un mapa sinóptico en cuestión de horas, en lugar de en semanas, la flota de Crimea podría haberse salvado. Así que la recién inventada red telegráfica se puso a trabajar para llevar datos a nuevos observatorios meteorológicos. La «Met Office» de FitzRoy se convirtió en el primer –y más duradero– pronosticador meteorológico del mundo. En 1861 emitía avisos meteorológicos por telégrafo y publicaba un pronóstico diario en *The Times* of London (como sigue sucediendo hasta nuestros días).

Mapa del tiempo para el norte de Europa, hacia 1880. Las líneas curvas son isobaras, que conectan lugares con igual presión de aire. Los mapas muestran cómo cambian las condiciones de un día para otro y se pueden usar para predecir lo que sucederá en el futuro.

EL VIAJE DEL BEAGLE

Antes de convertirse en el padre de la predicción meteorológica, Robert FitzRoy tenía el mando del HMS Beagle, una pequeña balandra que se utilizaba como barco de reconocimiento naval. En su segundo viaje, de 1831 a 1836, FitzRoy circunnavegó el globo a través del cabo de Hornos, Nueva Zelanda y Australia. Llevó con él a un compañero civil, llamado Charles Darwin, que utilizó el viaje para comparar animales de todo el mundo, una búsqueda que inspiró su famosa teoría de la evolución.

54 | Explorar desde las alturas

EL TIEMPO ES UN FENÓMENO ATMOSFÉRICO Y, POR LO TANTO, PUEDE SER DE INTERÉS ASCENDER y observar de cerca todo ese aire. Dos exploradores aéreos que lo intentaron tuvieron suerte de contarlo.

EL PRIMER VUELO

Los primeros globos capaces de transportar pasajeros los construyeron los hermanos franceses Montgolfier. Los primeros aeronautas volaron en 1783 a bordo de sus naves de papel y seda, pero no eran humanos. La tripulación del globo era una oveja, un pato y un gallo, cada uno de ellos seleccionado por sus atributos físicos. El pato no se vería afectado por la altitud, mientras que el gallo era un pájaro, pero no podía volar alto. La oveja era la sustituta de un humano. Ninguno de los tres se vio afectado por el vuelo de ocho minutos.

En 1862, la Asociación Británica para el Avance de la Ciencia propuso que se formase una expedición para explorar el «océano aéreo». Henry Coxwell, el principal «aeronauta» del país, fue designado para volar en un enorme globo de hidrógeno (2 600 m³) diseñado para llegar más alto de lo que nadie había volado entonces. El otro miembro de la tripulación sería el científico James Glaisher, que utilizaría un barómetro para calcular la altitud por la caída de la presión, y también mediría el descenso de la temperatura.

También llevaban seis palomas mensajeras, que liberarían una por una a medida que ascendían. Este enorme globo ascendió rápido y el equipo estuvo por encima de las nubes en tan solo 12 minutos. Todo iba bien, y podían admirar la increíble vista de la capa de nubes a sus pies (algo familiar para quienes viajan hoy en avión, pero por entonces algo completamente inusual). A 4,85 km de altura, Glaisher empezó a soltar sus palomas. A 6,5 km, la paloma hizo intento de volar, y a los 8 km, las aves, simplemente, cayeron del globo en picado. En este punto, Glaisher empezó a sentirse enfermo y estaba a punto de advertir a Coxwell, y justo entonces quedó inconsciente. Coxwell, más joven, estaba menos afectado pero había perdido toda sensación en sus manos. Se las arregló para abrir las válvulas de seguridad con los dientes y liberar hidrógeno, y en unos 20 minutos el aparato estaba de vuelta en tierra, con sus tripulantes a salvo. El análisis posterior indicó que la pareja había alcanzado una altitud de 11,3 km, cerca de la altitud de crucero de un avión de pasajeros, y mucho más alto que el Everest. Allí arriba, la presión del aire es una quinta parte de la del nivel del mar, con muy poco oxígeno para el organismo, y el aire tenue retiene poco calor, por lo que la temperatura es como máximo de -40 ° C.

El viaje en globo de Coxwell y Glaisher al «océano aéreo» estuvo a punto de terminar en desastre, ya que volaron a una altura donde la escasa densidad del aire dificultaba mucho su respiración.

55 Huracanes

LO QUE LLEGÓ A SER EL SERVICIO METEOROLÓGICO NACIONAL DE EE. UU. SE CREÓ EN 1870, y empezó a funcionar de inmediato. En 1873 lanzó el primer aviso de huracán, y desde entonces ha liderado el estudio de estas tormentas gigantes.

EL EFECTO FUJIWHARA

Llamado así por Sakuhei Fujiwhara, el meteorólogo japonés que lo describió en 1921, el efecto Fujiwhara ocurre cuando dos sistemas de tormenta se acercan lo suficiente como para que sus vientos los junten y orbiten entre sí. Es entonces cuando las tormentas cambian de dirección y acaban por fusionarse, lo que puede originar una tormenta mucho más grande y peligrosa. El efecto es raro y ocurre una vez cada muchos años.

La Oficina Meteorológica de EE. UU. la creó el presidente Ulysses S. Grant con la misión de «sustentar la toma de observaciones meteorológicas en las estaciones militares en el interior del continente y en otros puntos de los Estados y Territorios… y dar aviso en los lagos del norte y en la costa marítima, por telégrafo magnético y por señales marinas, de la aproximación y de la fuerza de las tormentas». La nueva agencia estaba bajo los auspicios del Secretario de Guerra porque necesitaba de la disciplina militar para llegar a los resultados esperados (la Oficina ha cambiado mucho desde entonces, y ahora es el Servicio Meteorológico Nacional, parte de la NOAA, la Administración Nacional Oceánica y Atmosférica; ver página 99).

El meteorólogo jefe era Cleveland Abbe, que ya había comenzado a pronosticar el tiempo mediante datos meteorológicos enviados por la Western Union y la Cámara de Comercio de Cincinnati. Abbe presionaba constantemente a sus jefes con la intención de que le proporcionaran los medios para investigar los fenómenos climáticos, y descubrir cómo predecirlos.

TEMPORADA DE TORMENTAS

En junio de 1873, la Oficina observó una tormenta que se movía por el Caribe. Nada del otro mundo, pero en agosto, un huracán de cierta importancia barrió la costa este, hasta que se desmontó en Terranova, y en septiembre, otros dos huracanes más golpearon Florida.

Por entonces, la principal autoridad mundial en huracanes era Benito Viñes, un sacerdote cubano que dirigía un observatorio meteorológico en La Habana. En 1877 publicó un método que utilizaba los movimientos de las olas y las nubes para pronosticar huracanes. No resultó de mucha ayuda: 1893 fue el más mortífero en la historia de EE. UU., ya que una serie de fuertes tormentas azotaron la costa este. La Oficina Meteorológica creó, en 1898, un centro de aviso de huracanes en Kingston (Jamaica), que pronto se trasladó a La Habana, donde hay más huracanes. Dos años más tarde, un huracán azotó Galveston, situado en Texas, y mató al menos a 8 000 personas.

Hacia 1870, las naves que cruzaban los océanos no iban convenientemente equipadas para soportar un huracán.

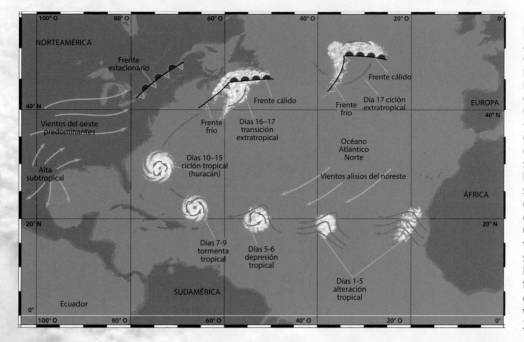

Los vientos más fuertes en la Tierra se encuentran en la pared del ojo del huracán, una inmensa nube circular que rodea una zona despejada, con vientos ligeros y cielos despejados: el corazón de la tormenta.

Los huracanes del Atlántico se forman en el interior del océano a partir de los sistemas meteorológicos que salen del desierto del Sáhara. Cuando comienzan como «depresiones tropicales» de baja presión, los observadores del clima siguen su progreso hacia el oeste. Algunos sistemas se convertirán en tormentas con vientos de hasta 120 km/h. Cuando supera esa velocidad, la tormenta se convierte en huracán. Las tormentas más fuertes (huracanes de categoría 5) tienen vientos de más de 250 km/h.

¿QUÉ ES UN HURACÁN?

Poco a poco se fueron conociendo mejor esos fenómenos violentos. El investigador japonés Sakuhei Fujiwhara (ver recuadro a la izquierda) mostró la función de los huracanes en la meteorológica general del Atlántico tropical. En 1922, Edward Bowie descubrió que los huracanes suelen rotan de forma anticiclónica u opuesta a la dirección de rotación de la Tierra. Es decir, en el hemisferio norte, en sentido contrario a las agujas del reloj. Sin embargo, estos detalles no ayudaban a los centros de aviso a transmitir el mensaje con la suficiente anticipación, y los huracanes que golpeaban la costa seguían provocando cientos de muertes.

A finales de la década de 1940, algunas piezas empezaban a encajar, gracias sobre todo a los pilotos que volaban entre huracanes para registrar la velocidad del viento y los cambios de presión, y trazaron los mapas del misterioso ojo, un lugar de calma en el centro de la tormenta. En 1948, el meteorólogo finlandés Erik Palmén demostró que un huracán requiere temperaturas en superficie de al menos 26° C para formarse. El agua también debe tener al menos 50 m de profundidad. El aire sobre este mar cálido se agita con ese calor. A medida que el aire sube, se enfría más rápido de lo normal, haciendo que el vapor de agua se condense en nubes densas. El calor latente de esta condensación añade energía al sistema, y extrae más y más aire y agua de la superficie. El flujo ascendente del aire genera el principio del ojo central, y el aire más frío que desciende desde arriba cae dentro de él, lo que reduce aún más la presión del aire en el corazón del sistema: arrastra más humedad del aire y crea un área cada vez más grande. Este proceso continuará hasta que la tormenta toque tierra o se desplace hacia mares más fríos.

SATÉLITES METEOROLÓGICOS

No es fácil comprender la enormidad de un huracán. Para capturar una imagen se necesitó el desarrollo de la tecnología espacial. El primer satélite meteorológico, el Vanguard 2, se lanzó en 1959. Utilizaba una primitiva cámara digital para tomar imágenes de la capa de nubes. Los resultados fueron confusos y no muy útiles. Sin embargo, los científicos de EE. UU. perseveraron con este sistema espacial y, desde fines de la década de 1970, dos satélites ambientales geoestacionarios operativos (o GOES, por sus siglas en inglés) ofrecen una vista general de toda la Tierra (y sus huracanes).

56 | Expedición Challenger

¿SABEMOS QUÉ ESTUDIA LA CIENCIA OCEANOGRÁFICA? NO PARECE UNA PREGUNTA MUY DIFÍCIL, quizá porque es una ciencia joven que tiene su origen en el viaje del HMS Challenger, una nave de la marina británica que fue dotada, en 1872, con el primer equipo científico para un barco.

A su regreso, en 1876, tras navegar 130 000 km, el Challenger había realizado una notable cantidad de descubrimientos. La expedición fue impulsada por el zoólogo escocés Charles Wyville Thomson. Quería que una misión cartografiase las grandes cuencas oceánicas de la Tierra y efectuase un estudio global del contenido de sal y turbidez (o claridad) del agua del océano. Solicitó a la Royal Society de Londres que tomara la iniciativa. El HMS Challenger se acondicionó de nave de combate a nave científica, repleta de instrumentos, redes y equipos de muestreo, y se completó con su propio laboratorio de química. El Challenger tenía una máquina de vapor que podía impulsarlo, pero se usaba sobre todo para manejar una draga que recogía sedimentos.

La idea era circunnavegar la Tierra, pero la ruta era demasiado sinuosa, ya que recorría las principales cuencas oceánicas. La expedición hizo su descubrimiento más importante cuando llegó al Pacífico occidental. La tripulación realizó 360 sondeos de profundidad en total, y el más profundo fue entre las islas de Guam y Palau, donde el fondo marino estaba a 8184 m de profundidad. Esta región es parte de la fosa de las Marianas, y hoy es conocida como abismo Challenger. La última investigación, en 2011, reveló que el punto más profundo (allí y en cualquier lugar de la Tierra) es de 10 994 m, tan profundo como para sumergir el monte Everest.

Unos 240 tripulantes partieron en el HMS Challenger, y 144 regresaron. Algunas de las bajas fueron por defunción, y otras, por deserción.

Abajo: Un mapa de los océanos realizado por la Expedición Challenger indica la densidad del agua en superficie. El amarillo indica la densidad más alta y el rosa, la más baja.

Izquierda: el HMS Challenger se encontró con icebergs y plataformas de hielo por el Círculo Antártico, pero no llegó a ver el continente helado.

57 La USGS

DURANTE EL SIGLO XIX, EE. UU. CRECIÓ HACIA EL OESTE, Y LOS COLONOS llegaban para establecerse en parcelas de tierra proporcionadas por el gobierno. Sin embargo, en la década de 1870, el sistema de gestión de la tierra parecía no dar más de sí.

Copia de la ley que establecía la creación de la USGS, en 1879.

Durante la confederación de EE.UU. en la década de 1780, se acordó que la tierra al oeste de las montañas Allegheny debería estar bajo el control del Congreso. En parte se debía para evitar disputas entre los estados, y también para que el gobierno federal pudiese vender tierras y así aumentar los ingresos y alentar a los colonos a establecerse en este nuevo territorio. En cualquier caso, un tercio de toda la riqueza mineral se quedaría para las arcas de la nación. Estas mismas reglas se aplicaron a medida que EE. UU. se expandió hasta el Pacífico, adquiriendo nuevos territorios de otras naciones o tomándolo de los residentes nativos. Se sabía bien poco sobre el Salvaje Oeste, y era tarea de los topógrafos de la zona declarar si el gobierno federal tenía algún poder sobre una parcela de tierra: un sistema propicio para la corrupción. Hubo varios intentos serios de cartografiar el Oeste, pero estaban dirigidos por exploradores con ánimo de lucro o estados de la Unión a título propio, por lo que carecían de coordinación. Por lo tanto, el 3 de marzo de 1879, pocas horas antes de que el 45.º Congreso cerrase por las elecciones, el presidente Rutherford B. Hayes creó el Servicio Geológico (USGS, por sus siglas en inglés). Su trabajo consistía en «clasificar las tierras públicas y examinar la estructura geológica, los recursos minerales y los productos del dominio nacional».

El Servicio Geológico de EE. UU. publicó en 1884 este mapa de parte del Parque Nacional de Yellowstone, que muestra aguas termales, ríos y arroyos, pantanos, géiseres, lagos y estanques.

UNA MISIÓN PÚBLICA

En los primeros días, el estudio encuadró a todo el territorio estadounidense en ocho tipos de tierra. Buscaba plomo, cobre y metales preciosos, además de otros minerales como el carbón y el hierro que no figuraban como significativos en las leyes del siglo anterior. En la actualidad, esa tarea topográfica ha terminado, pero la USGS tiene varias tareas importantes que cumplir, como la preparación en caso de terremotos y volcanes, trazar mapas del uso de la tierra y el agua, el estudio de cualquier cambio climático extremo o vigilar las enfermedades que se propagan en la naturaleza estadounidense. Por último, el personal de la USGS ayuda a los científicos espaciales a desarrollar sistemas para la exploración de otros mundos.

58 | Cumulonimbos

EN 1880, UN NUEVO TIPO DE NUBE SE SUMÓ A LA LISTA, EL CUMULONIMBO.
Su aspecto es imponente, y merece nuestra atención porque es el principal origen de truenos, rayos, y tornados.

Un cumulonimbo puede formarse solo, en grupo o a lo largo de frentes fríos. Crece a partir de cúmulos grandes y puede crecer aún más a partir de una supercélula, como se muestra en la imagen, que puede producir tornados.

Philip Weilbach era historiador del arte y bibliotecario de la Academia de Arte de Copenhague, por lo que nadie lo esperaba en el mundo de la clasificación de nubes. En 1880 presentó sus clases de nubes a la Organización Meteorológica Internacional (OMI), pero su comité no aceptó la mayoría de ellas, al creer que eran demasiado diferentes del sistema (ahora universal) ideado por Luke Howard al principio de aquel siglo. Sin embargo, una de las propuestas de Weilbach añadía algo de valor. Describía una nube de lluvia vertical, que llamó un cumulonimbo (que significa «nube de lluvia acumulada»). Esta nube cuenta con formaciones de cirros en la parte superior y puede generar truenos. A la OMI le gustó su descripción y decidió sacar el cumuloestrato de Howard de la clasificación, puesto que fue vista como una versión mal descrita del mismo tipo de nube.

NUBES NOCTILUCENTES

Este extraño tipo de nube –su nombre significa «brillante en la noche» y también se las conoce como nubes mesosféricas polares– solo se ve en el crepúsculo de las cortas noches de verano. Mientras que otras nubes siempre están por debajo de los 14 km de altura, las noctilucentes son nubes de cristales de hielo a 80 km de altura. Cómo se forman en esta parte seca de la atmósfera es un misterio.

NUBES DE TORMENTA

Un cumulonimbo es una imponente nube de lluvia vertical que puede alcanzar los 12 000 m de altura. Se forma a partir de potentes corrientes ascendentes sobre tierras cálidas que elevan la humedad al aire. Con frecuencia, esta humedad vuelve a caer en forma de fuertes lluvias. La fricción entre partes de la nube crea un potencial eléctrico. En último término, se descargará al suelo o entre las nubes como un rayo. El rayo calienta el aire, haciendo que se expanda rápido y produzca una onda que sonará como un trueno.

59 | Erupción del Krakatoa

A LAS **10.02** A.M. DEL **27** DE AGOSTO DE **1883,** EN UNA PEQUEÑA ISLA AL OESTE DE **JAVA,** explotó un volcán que provocó el ruido más fuerte que jamás se haya registrado. El maremoto posterior se detectó en lugares tan lejanos como Inglaterra.

El volcán Krakatoa, comenzó su erupción el día anterior, cuando produjo una enorme nube de cenizas. Dos explosiones menores precedieron a la mayor a última hora de la mañana. Se escuchó a 3110 km de distancia en Perth (Australia) y en la isla Rodrigues en el océano Índico, a 4800 km en la dirección opuesta. Las tres explosiones produjeron maremotos cuyas olas alcanzaron más de 30 m de altura cuando tocaron tierra. Estas olas fueron los elementos más mortíferos de la erupción, y al menos 36417 personas fallecieron en tierra y mar.

La explosión de Krakatoa resultó cuatro veces más potente que las bombas termonucleares más grandes jamás probadas. Convirtió la montaña de 790 m en un cráter o caldera de 6,5 km de diámetro, creado por una cámara de magma debajo del lecho marino que se derrumbó y se llenó de agua de mar. La montaña se convirtió en 21 km³ de polvo y cenizas. La nube tapó el sol durante tres días y oscureció la atmósfera lo suficiente como para reducir las temperaturas globales durante cinco años.

La isla del Krakatoa, en calma antes de la erupción que la borró del mapa en 1883.

¿AL ESTE DE JAVA?

En 1969, una película de Hollywood del género de catástrofes, protagonizada por Maximilian Schell, recreó los hechos de la erupción de 1883. Ganó una candidatura para el premio de la Academia a los Mejores Efectos Visuales. Los personajes se dedican a la recuperación de un cargamento de perlas de un naufragio cerca del volcán. El estudio quería un título exótico y optó por *Krakatoa, al este de Java*. A los productores no les importó que la montaña estuviera, en realidad, al oeste de Java. Un nuevo montaje posterior se tituló, simplemente, *Volcano*.

60 | Orogénesis

HACIA 1880, SE LLEGÓ AL CONSENSO DE QUE LAS MONTAÑAS SE DESGASTABAN POCO A POCO POR LA EROSIÓN, por lo que incluso las cordilleras más elevadas de nuestro tiempo se convertirían en pequeñas colinas en un futuro lejano. Pero, ¿qué fue lo que empujó las montañas hacia arriba en un primer momento?

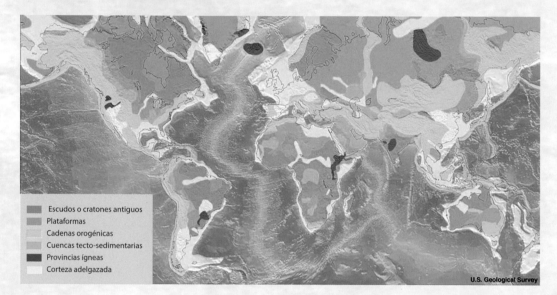

- Escudos o cratones antiguos
- Plataformas
- Cadenas orogénicas
- Cuencas tecto-sedimentarias
- Provincias ígneas
- Corteza adelgazada

U.S. Geological Survey

Izquierda: las zonas de color cian de este mapamundi muestran los «cinturones orogénicos», o regiones que son empujadas hacia las montañas.

Abajo: las fuerzas de empuje provocan al principio una «rampa anticlinal». Luego, los estratos comienzan a separarse, creando un paisaje más complejo.

James Dwight Dana, mineralogista estadounidense (ver página 60) fue un defensor de la teoría de la Tierra en contracción. Esta teoría apuntaba que la Tierra había comenzado como una bola de roca fundida. Se formó una corteza sólida cuando el planeta se enfrió. Sin embargo, el enfriamiento hizo que la roca se contrajese, por lo que la corteza se agrietó. Las grietas se veían en la superficie como accidentes a gran escala, como las cadenas montañosas. Sin embargo, a mediados de la década de 1880, las pruebas recogidas por diversos equipos de investigadores en los Alpes, las Highlands de Escocia o las Montañas Rocosas indicaron algo diferente. Las fallas o grietas de los estratos de roca permitían que las capas de roca más antiguas fueran empujadas hacia arriba por las más jóvenes.

FALLAS QUE ALIVIAN

Estos accidentes son las fallas de cabalgamiento, y el modo en que surgen –la teoría de fallas de cabalgamiento–, forma la base

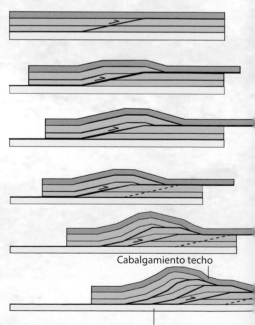

Cabalgamiento techo

Cabalgamiento basal

de una nueva manera de entender la orogenia, el proceso de construcción de las cadenas montañosas. La teoría explica que cuando una región de roca se comprime lateralmente, la falla permite que un lado se monte sobre el otro, lo que genera una región más gruesa de roca. Cuando continentes enteros se empujan, aparece una cordillera que se eleva por encima del nivel del mar. El estudio de fallas de cabalgamiento a pequeña escala descubrió los procesos que dieron forma al planeta a gran escala.

61 | El Niño

LOS MARINEROS PERUANOS HABLABAN DE UNA CORRIENTE CÁLIDA QUE SE DIRIGÍA HACIA EL SUR, POR NAVIDAD. La llamaron El Niño, en referencia al niño Jesús, y ahora conocemos que es un fenómeno meteorológico global.

Camilo Carrillo Martínez tuvo una ilustre carrera naval antes de convertirse en ministro de finanzas de Perú, hacia 1870.

El primer informe oficial de El Niño fue del capitán Camilo Carrillo Martínez, al explicar la antigua tradición de los marineros a la sociedad geográfica de Lima en 1892. Hoy sabemos que El Niño es la fase cálida de un sistema oceánico llamado El Niño-Oscilación del Sur (ENOS). Aparece cuando hay una masa de agua más cálida en la región ecuatorial del océano Pacífico central (por lo general, en algún lugar entre 180 °, la línea internacional de cambio de fecha y 120° O). Eso lleva el agua a la costa oeste de Sudamérica a finales de año: llega El Niño. Sin embargo, el ENSO no es un suceso anual, sino un ciclo de varios años entre la temperatura cálida y la fría de la superficie del mar Algunos años, el agua es mucho más fría, una fase que se denomina La Niña (véase el cuadro abajo).

En un año de El Niño, el agua caliente del océano se acumula a lo largo de la costa occidental de Sudamérica, que suele experimentar una corriente fría. Este cambio es parte de un ciclo de efectos climáticos que se refleja en toda la región del Pacífico, e incluso más lejos.

EFECTOS CLIMÁTICOS

El Niño trae altas presiones y sequía al oeste del océano Pacífico, y baja presión y fuertes lluvias en el lado este. De media, hay cuatro años entre cada El Niño, aunque algunos ciclos pueden durar cerca de siete años. El impacto de ENSO es significativo en la producción agrícola de la región del Pacífico, ya que la temperatura y las precipitaciones varían considerablemente en distintos puntos del ciclo. Los efectos del actual cambio climático generan aumentos en la diferencia de temperatura entre las fases cálidas y frías, y pueden provocar efectos meteorológicos extremos, como las sequías.

LA NIÑA

La fase fría de El Niño-Oscilación del Sur se llama La Niña, para señalar que es la parte opuesta del ciclo de El Niño. En esta fase, la superficie del Pacífico oriental y central se vuelve más fría debido a la afluencia de agua desde las profundidades, por lo que las aguas más cálidas se trasladan al Pacífico occidental durante unos años. Los períodos de La Niña son fríos pero secos en América del Sur y más húmedos en el Pacífico occidental. Para continuar el ciclo, el agua fría se desplaza hacia el oeste en la superficie, y el agua más cálida se mueve hacia el este en profundidad antes de emerger a la superficie cerca de Perú, lo que provoca que El Niño vuelva.

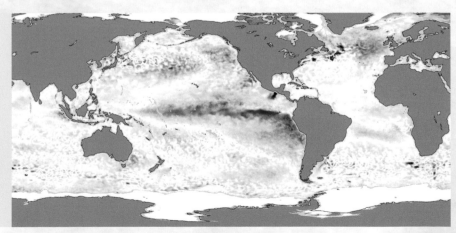

62 | Efecto invernadero

EN 1896, EL QUÍMICO SUECO SVANTE ARRHENIUS PROPORCIONÓ LA PRIMERA DESCRIPCIÓN DE LO QUE HOY CONOCEMOS COMO EFECTO INVERNADERO. Su interés en el asunto llegó tras su teoría de cómo la Tierra podría enfriarse y provocar glaciaciones; en la actualidad, este fenómeno nos ayuda a entender el clima.

El efecto invernadero es un fenómeno del todo natural que permite que la atmósfera de la Tierra retenga parte de la energía solar que llega desde el espacio. Mantiene la temperatura media del planeta en unos tolerables 14° C; aun así, conviene llevar abrigo. Sin el efecto, la superficie del planeta estaría en unos muy frescos -18° C. Durante el siglo XIX, se descubrió la existencia y el mecanismo del efecto invernadero, incluyendo la exposición de Arrhenius sobre su impacto en el cambio climático a largo plazo. En estos últimos años, el término «efecto invernadero» se ha confundido durante los debates, tanto científicos como políticos, sobre el impacto que provoca la actividad humana en nuestro clima, esta vez a corto plazo.

UNA NUEVA IDEA

La idea de un efecto invernadero fue propuesta por el matemático francés Joseph Fourier en 1824. En 1856, el estadounidense Eunice Newton Foote ofreció pruebas experimentales de las diferentes propiedades térmicas de los gases atmosféricos. Descubrió que el dióxido de carbono se calentaba mucho más cuando se exponía a la luz solar que el oxígeno y el nitrógeno. Unos años más tarde, el físico irlandés John Tyndall se hizo famoso por hacer el mismo experimento y también midió cómo irradiaban calor los gases. No citó el trabajo de Foote. Sin embargo, fue Arrhenius, un experto en la manera en que las sustancias químicas absorben y liberan energía, quien estableció el impacto en el clima. Nuestra atmósfera es en gran parte

COMBUSTIBLES FÓSILES

La naturaleza «repara» el dióxido de carbono y lo utiliza como materia prima para el crecimiento. Los animales comen plantas, y usan oxígeno para quemar esta comida y liberar energía. El dióxido de carbono residual se devuelve al aire. Este ciclo es autolimitado. Sin embargo, los combustibles fósiles, como el petróleo, el gas o el carbón, son los restos ricos en carbono del pasado remoto. Cuando se queman, su dióxido de carbono liberado al aire no forma parte del ciclo natural del carbono, por lo que se acumula en el aire.

Como en un invernadero, las longitudes de onda visibles de la luz solar pueden entrar en la atmósfera de la Tierra, pero no toda la energía térmica invisible sale de nuevo. El resultado neto es un calentamiento del planeta.

Derecha: el artículo de Svante Arrhenius, *Sobre la influencia del ácido carbónico en el aire en la temperatura del suelo*, dejó una huella patente a nivel mundial.

En la actualidad, la tierra y los océanos pueden absorber la mitad del exceso de dióxido de carbono liberado por los humanos. Si en el futuro esa tasa de absorción disminuye, entonces se acumulará más dióxido de carbono (y calor, por tanto) en la atmósfera. Con los datos de su último satélite de medición de dióxido de carbono, la NASA produjo este mapa de la Tierra que muestra altas concentraciones (rojo) y bajas (azul) si la tasa de absorción se redujese a la mitad. Se observa que el norte helado se calentará mucho más que cualquier otro lugar.

transparente; la luz brilla sin obstáculo (aunque los rayos azules se dispersan, por eso el cielo parece azul). La luz solar calienta la superficie de la Tierra, que irradia la energía de vuelta al espacio como radiación de calor, invisible. El oxígeno, el nitrógeno y el argón, que en conjunto constituyen más del 99 % del aire, dejan que pase el calor. Sin embargo, el dióxido de carbono (tan solo el 0,04 % de la atmósfera) y otros gases de efecto invernadero, como el metano y el vapor de agua, absorben el calor y calientan la atmósfera. Los jardineros saben que el cristal de un invernadero hace lo mismo: deja entrar la luz, pero evita que salga el calor. Parece evidente que Nils Gustaf Ekholm sí lo sabía, porque acuñó el término «efecto invernadero» en 1902.

CAMBIO CLIMÁTICO

El dióxido de carbono se libera a la atmósfera como producto residual de la vida. Los seres vivos exhalamos. Arrhenius correlacionó los cambios de temperatura con los cambios en la cantidad de dióxido de carbono en el aire. Se preguntó si los descensos bruscos en el dióxido de carbono eran la causa de las glaciaciones. Pero un aumento también cambiaría el clima. Incluso en los días de Arrhenius, la industria se preocupaba por sus emisiones; dependían del uso de combustibles fósiles como fuente de energía. Se suponía que el dióxido de carbono liberado era absorbido por las plantas y el océano, pero a fines de la década de 1950, estaba claro que los niveles de dióxido de carbono en el aire aumentaban (como sigue sucediendo). Las matemáticas de Arrhenius no fallan, lo que implica que el aire también se está calentando, de manera lenta pero implacable. La meteorología extrema es síntoma y resultado de un clima que está cambiando. El aumento o la caída del nivel del mar está relacionado con la cantidad de hielo en los polos, lo que se puede achacar a los cambios en la cantidad de gases de efecto invernadero.

UN PLANETA DESCONTROLADO

Nuestro vecino más cercano en el espacio, el planeta Venus, también tiene un efecto invernadero atmosférico, pero mucho más extremo. La superficie del planeta, vista aquí gracias a un escáner de radar, está oculta por una atmósfera espesa y nebulosa compuesta sobre todo de dióxido de carbono. El efecto invernadero hace de Venus el planeta más cálido de todos, con una temperatura superficial de 462° C y una presión atmosférica 90 veces mayor que la de la Tierra.

63 | Exploración antártica

SE PENSABA QUE LA MAYOR PARTE DEL HEMISFERIO SUR ESTABA OCUPADO POR UN VASTO CONTINENTE. Sin embargo, los exploradores siempre encontraban un océano traicionero, icebergs y plataformas de hielo. Eso llevó a que la zona dejase de considerarse atractiva, y se necesitaron esfuerzos heroicos para obtener más información.

En 1837, barcos franceses comandados por Jules Dumont d'Urville vieron por primera vez la costa de la Antártida (una gran masa de tierra aprisionada bajo una gruesa capa de hielo). Años más tarde, una expedición británica dirigida por James Clark Ross descartó explorar el territorio por no valer la pena. Pasaron más de 50 años antes de que las exploraciones regresaran, en lo que se ha llamado la edad heroica de la exploración de la Antártida. Fueron expediciones que desafiaron condiciones terribles para «abrir» el continente helado, y que con frecuencia morían en el intento. En 1897, un equipo belga fue el primero en proponérselo, y también en experimentar el invierno antártico (y se quedaron atrapados en el hielo marino). Al año siguiente, la expedición británica Southern Cross llegó a tierra firme. Además de inspeccionar la costa y la fauna (sobre todo, focas y pingüinos), las expediciones trataron de acercarse, cada vez más, al polo sur. Esta competencia terminó en enero de 1912, cuando Robert Scott, un explorador inglés, alcanzó el polo… para descubrir que Roald Amundsen (un noruego que había formado parte de aquella primera misión belga) había llegado allí el mes anterior.

La expedición de la Cruz del Sur, de 1898 a 1900, fue la primera misión geocientífica en el continente antártico. Existe asentamiento humano permanente en la Antártida desde 1956, y en 1978 nació el primer bebé antártico en una base argentina.

ERA MECÁNICA

En la década de 1920, la edad heroica de la exploración de la Antártida dio paso a la era mecánica. En la actualidad, cerca de 4000 personas, casi en su totalidad científicos de una u otra zona, viven en la Antártida durante el verano (varias bases tienen sus propias pistas de hielo para aviones de transporte). En invierno, se reduce a unos 1000 habitantes. El hielo entierra poco a poco los edificios de la Antártida. Por ejemplo, la estación de investigación británica Halley ha sido reemplazada seis veces en 65 años. La última base (arriba) se mueve sobre patas hidráulicas para que pueda salir de los cúmulos de nieve y llegar a un emplazamiento mejor.

SOUTHERN CROSS

64 | Globos meteorológicos

LAS LOCURAS DE COXWELL Y GLAISHER DEMOSTRARON QUE ERA IMPOSIBLE PARA LOS CIENTÍFICOS obtener datos desde una gran altitud. Así que se hizo de la necesidad virtud, y se enviaron en globo instrumentos automáticos.

Del mismo modo que los oceanógrafos utilizaban dispositivos remotos para sondear las profundidades y registrar las condiciones en las profundidades del océano, los «aerólogos», que estudiaban la atmósfera, tuvieron que ingeniárselas para elevar sus instrumentos al cielo. Los primeros intentos fueron con cometas para levantar meteorógrafos, unos dispositivos de registro que medían la presión del aire y la temperatura. Una cometa siempre permanece atada al suelo, por lo que se podía extraer información del dispositivo al aterrizar. Pero conseguir volar esos dispositivos a tales alturas resultaba muy difícil.

En 1892, los franceses Gustave Hermite y Georges Besançon desarrollaron un globo meteorológico no tripulado que resolvió el problema de la altitud. Emplearon globos de hidrógeno de papel, que eran capaces de transportar cerca de 10 kg de instrumentos a más de 10 km. Más tarde los mejoraron y los fabricaron de goma, que se expandían con la altitud y alcanzaban alturas aún mayores. Los globos explotarían cuando la diferencia de presión entre el gas en el interior y el aire tenue fuese demasiado grande. Pero, ¿cómo llegar hasta los datos? La solución fue añadir unos paracaídas a los meteorógrafos, para que volasen hasta el suelo de forma segura.

ASCENSO MASIVO

En 1896, el meteorólogo francés Léon Philippe Teisserenc de Bort comenzó a realizar experimentos en las nubes y la alta atmósfera con globos de hidrógeno. Descubrió que la temperatura del aire disminuía constantemente con la altura, pero a unos 11 000 m la temperatura se estabilizaba y se mantenía más o menos constante, incluso con una presión aún menor por la altura, o al menos no pudo elevar sus globos lo suficiente como para detectar más cambios en la temperatura. Durante cinco años, Teisserenc de Bort lanzó más de 200 globos, a menudo de noche, para eliminar los efectos del calentamiento solar. Cuando por fin estuvo seguro, publicó su descubrimiento: la atmósfera estaba hecha de dos capas. Llamó a la inferior la «troposfera», debido a los cambios en sus condiciones. Todos los fenómenos meteorológicos provienen de masas de aire en movimiento en esta capa. La siguiente capa fue la «estratosfera» en referencia a sus capas de temperatura constante. Hoy sabemos que hay tres capas aún más elevadas (ver recuadro a la izquierda).

CAPAS ATMOSFÉRICAS

La atmósfera se divide en cinco capas. Junto a la superficie está la troposfera, donde están los sistemas meteorológicos. La estratosfera se compone de aire que se calienta con la altura. La temperatura cae de nuevo en la mesosfera, la parte más fría del sistema de la Tierra, y baja a -113° C. La termosfera se reduce poco a poco a medida que el aire se desvanece en el espacio exterior (las naves espaciales suelen orbitar aquí), mientras que la exosfera contiene trazas de gases que se mantienen en el campo gravitatorio de la Tierra.

EXOSFERA

600 km

TERMOSFERA

120 km

MESOSFERA

60km

ESTRATOSFERA
11 km

TROPOSFERA

LA RADIOSONDA

Los globos meteorológicos siguen siendo una herramienta barata y eficaz para los meteorólogos. Están dotados de una radiosonda (la imagen de arriba data de 1936), un instrumento alimentado por batería que transmite a la tierra todos los datos que recoge en tiempo real por radio. Además de la temperatura, la presión y la altitud, las radiosondas detectan la química del viento y el aire. Una *dropsonde* es un dispositivo similar, lanzado desde un avión y que funciona según cae hacia el suelo.

65 | Calor terrestre

EL PENSAMIENTO PRECIENTÍFICO DICTABA QUE LA TIERRA ERA LA FUENTE DEL FRÍO. ¿LA PRUEBA? La roca es fría al tacto. Sin embargo, abundaban las pruebas de que esto era falso, sobre todo por las erupciones volcánicas y las aguas termales: la Tierra está caliente por dentro. ¿De dónde viene ese calor?

En 1862, William Thomson, hoy más conocido como Lord Kelvin, decidió seguir el ejemplo del conde de Buffon casi un siglo antes. Era una autoridad en termodinámica –fue él quien calculó el cero absoluto– Kelvin calculó meticulosamente cuánto tiempo necesitaría una bola de roca fundida del tamaño de la Tierra para enfriarse en un planeta con una superficie sólida con la misma temperatura media que la Tierra. Lo dejó en una cifra máxima de 400 millones de años. De inmediato, el mundo científico vio el problema. Los geólogos, que seguían el principio del uniformismo, o que «el presente es la clave del pasado», estudiaban el proceso de cómo se formaron las rocas a partir de capas de fragmentos que cubrían la superficie de la Tierra. Una cosa era segura: fue un proceso lento y 400 millones de años no eran tantos como para dar cabida a toda la creación de rocas, la flexión de rocas y la erosión de rocas necesarias para configurar un planeta que se parecía a la Tierra. Los biólogos estaban de acuerdo. Necesitaban mucho más tiempo para la evolución por selección natural (un tema nuevo y candente) para diversificar la vida en la Tierra. Un clamor en contra de las conclusiones del eminente físico arreció. Sus suposiciones tenían que estar equivocadas.

George Darwin, el hijo de Charles, fue uno de los primeros en afirmar que la Tierra emitía calor interno por la radiactividad.

ENFRIAMIENTO LENTO O CALOR EXTRA

Una idea obvia era que el planeta no fuese un material uniforme. Quizás el flujo de calor desde el interior de la Tierra se frenaba por alguna estructura aún desconocida (en todo caso, nuestra comprensión del interior de la Tierra muestra que contiene grandes plumas convectivas, que disiparían el calor más rápido que el sistema teórico que propuso Kelvin en sus cálculos). La única otra posibilidad es que, además del calor primordial que queda del formación de la Tierra, nuestro planeta tiene su propio suministro de calor, producido por la descomposición de elementos radiactivos en su interior. La radiactividad no se descubrió hasta 1895, pero en la siguiente década, George Darwin (hijo de Charles) la presentó como la solución al problema del «equilibrio de calor» de la Tierra. El campo de la radiactividad, en última instancia, resolvería la confusión sobre la verdadera edad de la Tierra gracias a la datación radiométrica (ver página 81).

TEORÍA DEL ORIGEN DE LA LUNA

El astrónomo George Darwin corroboró la estimación de Lord Kelvin sobre la edad de la Tierra. Darwin decía que la Luna (abajo) se creó por fuerzas centrífugas en el interior de la joven Tierra (aún fundida), lo que provocó que un trozo de material fuese lanzado a la órbita. Se enfrió hasta convertirse en nuestra Luna, explicaba Darwin. La rotación de la Luna está sincronizada con la de la Tierra (por eso siempre vemos el mismo lado). Darwin calculó que se necesitaron 56 millones de años para que se ajustase esa sincronización.

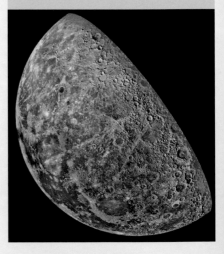

66 | Discontinuidad de Mohorovicic

LOS ANTIGUOS SABÍAN QUE LOS TEMBLORES EN LA TIERRA ERAN UNA SEÑAL DE QUE ALGO MALO SE AVECINABA. Sin embargo, en el siglo XIX, una nueva ciencia, la sismología, comenzó a usar las ondas, como las que causan los terremotos, como una manera de ver en el interior de la Tierra.

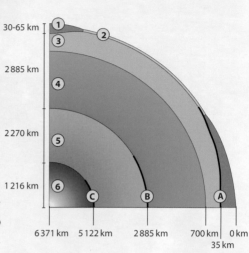

El término «sismología» fue acuñado en 1857 por el geólogo irlandés Robert Mallet. Creó sus propias ondas sísmicas utilizando explosivos enterrados en el suelo para ayudarlo a desarrollar máquinas que detectasen ondas naturales y aprender cómo se movían a través de diferentes rocas. En 1897, el físico experimental Emil Wiechert se pasó durante un tiempo a la geofísica teórica. Comparó la densidad general de la Tierra con la densidad media de las rocas en la superficie –que era más baja–, y afirmó que la diferencia debía significar que el interior de la Tierra está hecho de dos capas, un núcleo de hierro y un revestimiento o manto de roca, de minerales de silicio. Algo avalado con pruebas en 1906, cuando Richard Dixon Oldham demostró que las ondas sísmicas eran bloqueadas o desviadas por un núcleo denso.

Hoy se conocen tres discontinuidades en el interior de la Tierra. La discontinuidad de Moho (A) separa la corteza continental (1) y la corteza oceánica, más delgada (2), del manto superior (3). La discontinuidad de Gutenberg (B) separa el manto inferior (4) del núcleo externo fundido (5), mientras que la discontinuidad de Lehmann-Bullen (C) marca el borde externo del núcleo interno sólido (6).

TIPOS DE ONDAS

La sismología se basa en el hecho de que las ondas sísmicas se reflejan o refractan de manera similar a las ondas de luz, o las ondas en un estanque. Sismógrafos de todo el mundo recogen las ondas que golpean la superficie, lo que genera una imagen de las rutas que toman y los materiales que encuentran en el interior del planeta. En 1909, el croata Andrija Mohorovicic observó que las ondas solían cambiar de velocidad a unos 20 km bajo los continentes y 5 km bajo el fondo del océano. Por encima de este punto, las ondas se movían por roca sólida; debajo había algo más denso. Este límite se conoce como la discontinuidad de Mohorovicic (Moho, para abreviar) y muestra dónde cambia el manto de la Tierra a una capa delgada y externa, la tercera, llamada corteza.

EL PRIMER SISMÓGRAFO

En el año 132, el ingeniero chino Zhang Heng inventó la «veleta del terremoto». Era una urna de bronce con un péndulo en su interior. Cuando se balanceaba, debido al movimiento del suelo, desalojaba una de las ocho bolas que sostenían unas cabezas de dragón espaciadas alrededor del dispositivo. La bola caía en la boca de un sapo e indicaba la dirección desde la que llegó el temblor.

67 | Explosión cámbrica

UNA GRAN CANTIDAD DE FÓSILES EN ROCAS DE ESQUISTO EN LAS MONTAÑAS ROCOSAS CANADIENSES demostró que las complejas formas de vida de la Tierra –que todavía vemos hoy– se desarrollaron especialmente a partir de unos 500 millones de años atrás.

LOS ESQUISTOS DE MAOTIANSHAN

Esta formación rocosa de China es muy similar a la que se encuentra en las Montañas Rocosas, solo que es 10 millones de años más antigua. Cuando se excavaron en la década de 1980, los esquistos de Maotianshan descubrieron un conjunto similar de fósiles que los de su equivalente canadiense, como la *Jianfengia* (arriba), un depredador de artrópodos que cazaba mediante unos apéndices duros en la cabeza. Los fósiles chinos demostraron que la diversificación de la vida en la Tierra ya estaba en marcha hace 520 millones de años.

La formación rocosa se llamaba Burgess Shale. Se descubrió como fuente de fósiles a finales de la década de 1890, pero el verdadero tesoro lo reveló en 1910 el paleontólogo estadounidense Charles Doolittle Walcott, que acababa de dejar la dirección del USGS. La búsqueda de fósiles se convirtió en un asunto familiar, y sus hijos lo acompañaban a las montañas durante largas excursiones. Su segunda esposa, Helena, murió en 1911, pero en 1914 Charles se había vuelto a casar con Mary Vaux, una famosa artista de la naturaleza y una valiosa incorporación al equipo. Hacia 1924, el Equipo Walcott había desenterrado 65 000 especímenes, todos de un antiguo fondo marino y todos de la era cámbrica. El Cámbrico, llamado así por unas rocas que se encontraron en Gales, es el primer período de la Era Paleozoica. Sus rocas son las primeras en tener fósiles (al menos eso era lo que entonces se creía). En la época de Walcott, la edad de esas rocas era pura conjetura, pero hoy sabemos que las rocas del Cámbrico datan de entre 541 y 485 millones de años. Las rocas de esquisto de Burgess tienen 508 millones de años.

TODA LA VIDA ESTÁ AQUÍ

Walcott acabó siendo derrotado por la enormidad de la tarea, y hasta la década de 1960 no se hizo un análisis coherente de sus fósiles, que estaban acumulando polvo en la Institución Smithsoniana. La conclusión fue que casi todos los filos (grupos principales) de animales hoy vivos están representados en los fósiles: artrópodos, insectos y arañas, todo tipo de gusanos, medusas e incluso una pequeña criatura parecida a un pez. El registro fósil pasa de no presentar vida a toda esta diversidad en unos pocos millones de años, un suceso que se llama «explosión cámbrica».

Charles Doolittle Walcott durante un descanso de la búsqueda de fósiles en el Burgess Shale. A su izquierda, una ilustración de un fósil de braquiópodo, una especie de molusco abundante en los mares del Cámbrico, pero que hoy resulta mucho más difícil de encontrar.

68 | Datación radiométrica

En los primeros años del siglo XX, los descubrimientos sobre la radiactividad abrieron una oportunidad para fechar las rocas mediante sus átomos. ¿Qué descubriría esta nueva técnica sobre la edad de la Tierra?

A principios del siglo XX, los físicos Ernest Rutherford y Frederick Soddy demostraron que la radiactividad se basa en átomos inestables que decaen, y liberan energía y materia, y se transforman en nuevos tipos de elementos (recordemos que un elemento es una sustancia con una estructura atómica concreta. La radiactividad cambia la estructura atómica, por lo que un elemento se convierte en otro). Rutherford y Soddy demostraron que es imposible predecir la desintegración radiactiva de los átomos, pero sí que seguían una período de semidesintegración (o de semivida), lo que significa que el tiempo que tarda la mitad de una cantidad de material radiactivo en descomponerse es una constante. Hoy sabemos de sustancias radiactivas altamente inestables que tienen una semivida de millonésimas de segundo, aunque los elementos radiactivos más comunes en rocas, torio y uranio, tienen semividas medidas en millones de años. Si conocemos la cantidad primordial de estos metales, la cantidad que existía cuando se formó la roca, entonces la cantidad presente hoy nos dirá cuántos años tiene la roca.

Arthur Holmes demostró que la cantidad de materia radiactiva en las rocas era menor en los ejemplares antiguos.

DATACIÓN POR RADIOCARBONO

Los rayos cósmicos que se estrellan contra el nitrógeno en la capa alta de la atmósfera crean una forma radiactiva de carbono: C-14. Todos los seres vivos tienen una pequeña cantidad de C-14, que se mantiene a lo largo de la vida. Una vez que el organismo muere, el C-14 comienza a descomponerse. Los restos de seres vivos (algodón, cabello, huesos o madera) pueden datarse por la cantidad de C-14. El sistema funciona para cualquier cosa de hasta 50 000 años, como fósiles humanos y objetos, como esta talla de madera china de hace 400 años.

EN ACCIÓN

Varios investigadores intentaron medir la desintegración radiactiva por la cantidad de partículas alfa presentes. Son partículas pequeñas y cargadas que salen de los átomos durante la descomposición. Sin embargo, más sencillo es hacer uso de lo que se llama la cadena de desintegración. El uranio radiactivo, por ejemplo, se descompondrá en varios átomos altamente inestables, en elementos como el radón, el radio y el polonio, antes de llegar a una forma estable de plomo. El químico estadounidense Bertram Boltwood fue de los primeros en aplicar este enfoque al comparar las proporciones de uranio y plomo en las rocas para medir su edad, e indicó que algunas tenían 500 millones de años. En 1911, el investigador británico Arthur Holmes encontró rocas de 1 600 millones de años. En 1927, lo ajustó hasta 3 000 millones de años. En la década de 1950, cuando se comprendían mejor las cadenas de desintegración radiactiva, se dataron meteoritos de 4 550 millones de años: la edad de la Tierra y del Sistema Solar.

Los minerales de circón son los objetos más antiguos de la Tierra. Algunos cristales tienen más de 4 mil millones de años.

69 | Deriva continental

CUANDO LOS PRIMEROS MAPAMUNDIS PRECISOS ESTUVIERON AL ALCANCE DE TODOS, MUCHOS OBSERVARON LO MISMO: parecía que la tierra emergida encajaba como un rompecabezas. Fue el comienzo de una gran idea.

Los primeros mapas del mundo que representaban con corrección la tierra emergida aparecieron a finales del siglo XVI (véase el recuadro a continuación). Aun así, muchos accidentes en esos mapas todavía se basaban en conjeturas y en ilusiones, especialmente en el Ártico y la Antártida, y los europeos apenas habían explorado la costa oriental del Pacífico. Sin embargo, el océano Atlántico y sus costas estaban bien cartografiados. Inmediatamente –desde Abraham Ortelius, el editor del primer atlas en adelante–, muchos comenzaron a preguntarse por qué la costa atlántica de Sudamérica parecía encajar con su contraparte africana. Abraham Ortelius llegó a decir que América fue «arrancada de Europa y África… por terremotos e inundaciones. Los vestigios de la ruptura se manifiestan si alguien saca un mapamundi y estudia con detenimiento las costas».

Alexander von Humboldt tuvo una idea similar más de un siglo después. Casi al mismo tiempo, Charles Lyell, quien sobre 1830 hizo mucho para convertir a la geología en una ciencia popular, resumió el concepto: «Los continentes, aunque estacionarios durante épocas geológicas completas, cambian sus posiciones por completo en el transcurso de las eras geológicas».

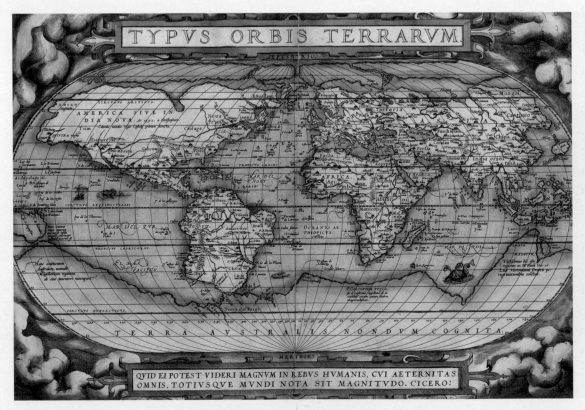

THEATRUM ORBIS TERRARUM

Considerado como el primer atlas mundial, este libro fue publicado en Bélgica por el geógrafo Abraham Ortelius en 1570, con el nombre de *Theatrum orbis terrarum*. Ortelius describió el territorio, pero solo creó algunos de los mapas. La obra era una colección de 53 mapas dibujados por otros maestros cartógrafos, organizados por continentes. El mapa todavía incluía una gran *Terra Australis*, en su mayoría especulativa, en lugar de la Antártida. Curiosamente, este continente se dibujó girado hacia el norte, entre el océano Índico y el Pacífico, e incluía a la ignota Australia. Así que, casi 40 años antes de que la isla continente fuera conocida por los europeos en el siglo XVII, los cartógrafos ya intuían que algo había allí.

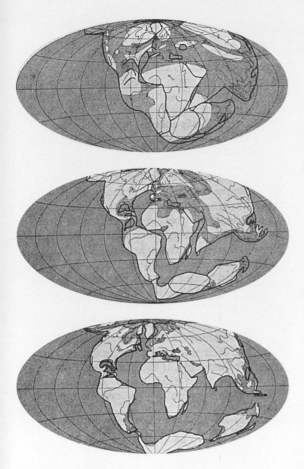

Los dibujos de Alfred Wegener esbozan cómo los continentes de hoy estuvieron unidos en uno solo (Pangea, la «tierra gigante») y se separaron.

PERMANENCIA

Sin embargo, una nueva generación de geólogos del siglo XIX se opuso a la idea de una superficie en continuo cambio (¡cuánto tiempo duraría todo!). El principal defensor de una geografía inmóvil fue James Dana, quien continuó su *Manual de Mineralogía* con un *Manual de Geología* en 1863. En ese libro afirmaba: «Los continentes y los océanos tenían su perfil general o forma definida desde el origen de los tiempos». Esta visión se conoció como teoría de la permanencia, y con el peso académico de Dana como aval, resultaba difícil de cambiar. La mejor prueba de la permanencia era la plataforma continental, que parecía estar construida a partir de sedimentos arrastrados por los ríos. Si los continentes estaban en movimiento, ¿por qué existían estos accidentes submarinos?

HACIA LA DERIVA

La vieja idea de que el océano Atlántico se formó cuando América se separó de África y Asia –y de la misma manera, todos los continentes del mundo cambian y se remodelan poco a poco–, recibió un nombre para competir con la teoría de la permanencia: la deriva continental. Se atribuye al meteorólogo alemán Alfred Wegener, que la acuñó (al menos una versión alemana) en 1912. En los años siguientes, promovió la idea con pruebas de registros fósiles y estratos geológicos que apuntaban al hecho de que, en algún momento del pasado remoto, los siete continentes del mundo habían estado unidos de algún modo. Cualquier diferencia en fósiles y estratos entre continentes data de esas divisiones. Wegener llamó Pangea al supercontinente único y lo rodeó con Panthalassa, el único superocéano. Algo que coincidía con las ideas previas de Eduard Suess, que utilizó el mismo razonamiento para proponer un supercontinente austral (Gondwana), separado del boreal (Laurasia), por el océano Tetis. Ambos tenían razón: Pangea se dividió en Gondwana y Laurasia hace unos 200 millones de años. Sin embargo, la pregunta era: ¿cómo se desplazaba la tierra sólida? Wegener sugirió que eran las fuerzas centrífugas de la rotación terrestre las que obligaban a la tierra a moverse por el fondo del mar. La verdad, descubierta en la década de 1960, daría más detalles sobre cómo funciona el mundo en realidad.

Alfred Wegener, a la izquierda, con el explorador groenlandés Rasmus Villumsen, durante una expedición al centro de Groenlandia en 1930. Ambos hombres murieron al mes de la toma de esta fotografía, fallecidos a causa del frío del invierno ártico.

70 | Rocas metamórficas

En 1912, UN GEÓLOGO BRITÁNICO IDENTIFICÓ UN NUEVO TIPO DE ROCA EN LA CORTEZA TERRESTRE: LAS ROCAS METAMÓRFICAS. Esto sumó un tercer proceso al ciclo de las rocas, donde las altas presiones y temperaturas transforman la composición de las rocas sólidas.

El geólogo en cuestión era George Barrow, un brillante y hábil londinense que había destacado en matemáticas y ciencias. Se especializó en geología y comenzó a cartografiar la estratigrafía de las Highlands de Escocia en la década de 1890. Tras 20 años de cuidadosos trabajos, presentó lo que ahora se conoce, en su honor, como un gradiente de Barrovian. Su mapa mostraba que las rocas podían dividirse en distintas capas según la llegada de determinados minerales. En la década siguiente, el geólogo finlandés Pentti Eskola explicó por qué.

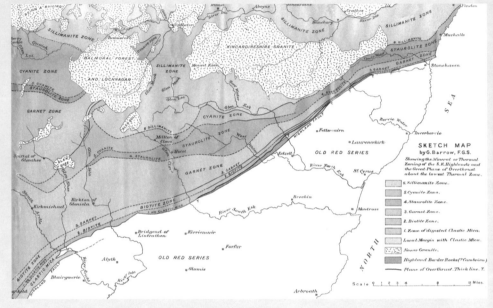

Mapa de George Barrow de 1912, en el que muestra lo que se conoció como la falla Highland Boundary.

El proceso de metamorfismo hace que los minerales en las rocas se dispongan en láminas, un fenómeno llamado foliación. El grado de foliación revela de alguna manera el grado de metamorfismo, o la presión y la temperatura que sufrieron.

METAMORFISMO

El gradiente de Barrovian era la forma más simple de cambio metamórfico, en el que tanto la presión como la temperatura aumentan con la profundidad. Estos factores cambiantes generan cambios físicos y químicos en los minerales que formaron la roca original (el protolito). Si los minerales cambian, la roca cambia y el resultado es una variedad de nuevos tipos de rocas que varían según las fuerzas a las que fueron sometidas. Los gradientes de Barrovian son típicos de las zonas montañosas, donde las rocas se comprimen en profundidad bajo la Tierra. Otras zonas metamórficas están cerca de las cámaras de magma y las fisuras volcánicas, donde domina el calor en vez de la presión. Además, los impactos de meteoritos pueden crear pequeñas bolsas de rocas metamórficas. Las rocas ígneas y sedimentarias tienen metamorfos comunes. Por ejemplo, las calizas se convierten en mármol, el *shale* en pizarra y las areniscas en cuarcita. Otras rocas metamórficas, como esquistos y gneis, tienen un origen más genérico.

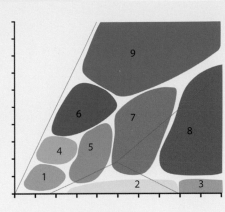

FACIES METAMÓRFICA

En 1921, el geólogo finlandés Pentti Eskola clasificó unas zonas llamadas facies metamórficas, donde diferentes combinaciones de presión y temperatura producen un conjunto de minerales. Luego se combinan en roca metamórfica. Las facies son: 1) zeolita; 2) corneana; 3) sanidinita; 4) prehnita-pumpellyita; 5) esquisto verde; 6) esquisto azul; 7) anfibolita; 8) granulita; 9) eclogita.

71 Dendrocronología

LOS ÁRBOLES SUMAN UNA NUEVA CAPA DE MADERA CADA AÑO, Y CREAN SUS CONOCIDOS ANILLOS CONCÉNTRICOS. Además de ser una buena forma de averiguar la antigüedad de un árbol, también son valiosos en la investigación del clima.

La dendrocronología (*dendron*, en griego, es «árbol») es la ciencia que se ocupa de la datación de los anillos de crecimiento para determinar la antigüedad del árbol. Leonardo da Vinci fue el primero en hablar de ello. Sabía que en verano el árbol crece más rápido, lo que deja una banda de madera más clara y blanda. En invierno, el crecimiento se desacelera, y la banda es estrecha y oscura. Juntos, estos anillos representan un año, y los troncos de los grandes árboles tienen cientos de ellos. Da Vinci incluso sabía que un año frío generaba anillos más oscuros, por lo que el tronco actuaba como un registro del clima. Esta idea, sencilla pero eficaz, se conocía a lo largo de los siglos, pero no se le sacaba partido. Tiempo después, en 1920, el astrónomo estadounidense A. E. Douglass encontró una razón para ampliar la base científica. Quería ver si había un vínculo entre los patrones climáticos de los anillos de los árboles y el ciclo de actividad de las manchas solares, que aviva y atenúa el Sol cada 11 años. Encontró que hay una conexión. Hoy, los dendroclimatólogos utilizan los anillos en las coníferas antiguas para crear una imagen de las condiciones climáticas globales y regionales de los últimos 7 000 años.

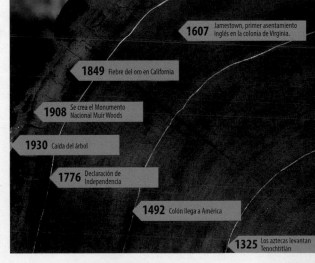

1607 Jamestown, primer asentamiento inglés en la colonia de Virginia.

1849 Fiebre del oro en California

1908 Se crea el Monumento Nacional Muir Woods

1930 Caída del árbol

1776 Declaración de Independencia

1492 Colón llega a América

1325 Los aztecas levantan Tenochtitlán

Los anillos más viejos están en el centro del tronco, y los más jóvenes por el borde. Los árboles han sido testigos de muchos hitos de la historia humana y ofrecen un archivo de los cambios climáticos y atmosféricos en el pasado.

72 | Escala Richter

LOS TERREMOTOS SON LA FUERZA MÁS DESTRUCTIVA DE LA SUPERFICIE DEL PLANETA. Sus efectos, con frecuencia mortales, se pueden sentir en todo el mundo. En 1935, se formuló un sistema para medir su potencia.

VALDIVIA, 1960

También conocido como el Gran Terremoto de Chile, sacudió Valdivia el 22 de mayo de 1960. Fue el más potente jamás registrado en la historia de la humanidad. Llegó a 9,6 en la escala de Richter y continuó durante cerca de 10 minutos. El maremoto resultante no solo golpeó el sur de Chile, sino que también asoló el Pacífico e impactó en Hawái, Japón, Filipinas, Nueva Zelanda, Australia y las islas Aleutianas. El epicentro estaba bajo la cordillera de los Andes, tierra adentro de la antigua ciudad colonial de Valdivia, que resultó severamente dañada (arriba).

La escala de Richter, llamada así por Charles Richter, quien la elaboró en 1935, es una medida de la energía liberada en un terremoto. Cualquier persona que viva un terremoto potente nos dirá que la fuerza del temblor anula cualquier capacidad de reacción. Tan solo espera que se reduzca, no aumente, y que pase pronto. Cuando el terremoto cesa, la destrucción, devastadora en potencia, es lo que queda;, y la potencia que lo causó se vuelve irrelevante para los que lo han vivido. Sin embargo, a los sismólogos les interesa este tipo de información porque los terremotos proporcionan su principal fuente de datos al generar ondas sísmicas que atraviesan el planeta y muestran su estructura interna. Las ondas se crean cuando las fuerzas que empujan a las rocas bajo el suelo han crecido tanto como para romperlas. Con esa tensión liberada, la roca se desplaza bajo tierra. Miles de millones de toneladas de roca sólida que se mueven de pronto envían olas de ondas de presión en todas las direcciones. Cuando estas ondas alcanzan la superficie la hacen, literalmente, temblar: sube y baja, o vibra de lado a lado. La mayoría de los edificios no soportan bien este tipo de fuerzas y pueden agrietarse o caer.

Es más probable que se den terremotos a lo largo de las grietas que ya existen en la corteza terrestre. Sin embargo, hasta ahora ha resultado imposible predecir cuándo y dónde sucederán. Con cada terremoto, se altera el equilibrio de fuerzas que tiran y aflojan del sistema de fallas. En algún momento y en algún lugar, volverá a ceder, y todo el sistema cambiará una vez

SHAANXI, 1556

El terremoto más mortal de la historia sucedió en 1556, cerca de Shaanxi, en el centro de China. Se estima que alcanzó cerca de 7,9 en la escala de Richter (obviamente, no hubo mediciones directas). Sin duda, fue un gran terremoto, pero de una potencia relativamente común. Sin embargo, se estima que el terremoto causó la muerte (la noche del 23 de enero) de 830 000 personas, lo que lo convierte en el peor desastre natural de la historia. La razón de esta cifra de muertes tan grande es que la región tiene extensos depósitos de loess, una roca muy blanda. Los habitantes vivían en *yaodongs*, cuevas excavadas en los acantilados (todavía se usan hoy, como vemos abajo). El terremoto provocó el colapso de muchas de estas casas cueva, y todos los ocupantes que dormían dentro fallecieron. La población local se redujo en un 60 % en cuestión de minutos.

más. Un sistema para predecir terremotos salvaría vidas (y ahorraría muchísimo dinero), por lo que los sismólogos continúan buscándolo. La escala de Richter fue el primer paso en esta búsqueda.

Antes de Richter, lo mejor que podían hacer los sismólogos era comparar a qué distancia se detectaron las ondas de un terremoto. Fue más útil con la invención de sismógrafos fiables en la década de 1920. Demostraron que la amplitud de una onda sísmica aumentaba con la dureza de un terremoto. Richter se basó en el trabajo de otros para elaborar una forma de pasar las amplitudes a una escala logarítmica. La magnitud 1 es apenas perceptible por un humano, y a partir de ahí cada magnitud relacionada con un terremoto es 33 veces más potente que la anterior. Si bien la escala de Richter se usa en las noticias sobre terremotos, los científicos emplean en la actualidad un sistema similar llamado escala de magnitud de momento.

Magnitud	Frecuencia
10.0	No registrado
9.0	Una vez cada 50 años
	Una vez al año
8.0	
7.0	10-20 veces al año
6.0	100-150 veces al año
5.0	1 000-1 500 veces al año
4.0	10 000-15 000 veces al año
3.0	100 000 veces al año
2.0	1-2 millones al año
1.0	Millones al año

Un terremoto por encima de la magnitud 5 puede causar daños a los edificios. Por encima de 9, el terremoto producirá una destrucción casi total.

73 | El núcleo de hierro

En 1774, el astrónomo Nevil Maskelyne midió la gravedad de una montaña escocesa y la usó para calcular la densidad de la Tierra. Y el resultado demostraba que había algo pesado en lo profundo del planeta.

La densidad del planeta es mucho más alta que la de una roca media. El peso extra, se pensaba, provenía de un núcleo pesado, probablemente de hierro y níquel. En 1926, el geofísico británico Harold Jeffreys proporcionó la prueba definitiva, y por la forma en que las ondas sísmicas quedaban bloqueadas en el núcleo, pensó que debía estar hecho de un metal líquido caliente. En 1930, la sismóloga danesa Inge Lehmann aprovechó un terremoto notable en Nueva Zelanda el año anterior para observar mejor el interior de la Tierra. En los sismogramas, Lehmann vio que ciertas ondas sísmicas se reflejaban en algo dentro del núcleo líquido de la Tierra. El núcleo líquido de Jeffreys tenía unos 6 800 km de diámetro. Lehmann afirmó que dentro había un núcleo interno de unos 2 800 km de ancho (no estaba muy equivocada. Hoy se sabe que el núcleo interno mide 2 442 km de diámetro).

En 1940 se afirmó que el núcleo interno de Lehmann es en realidad una gran bola de metal sólido. Todavía está muy caliente, lo suficientemente como para fundir hierro, pero la gran presión lo mantiene sólido. El núcleo interno gira dentro del núcleo externo fundido. Se cree que la transición viscosa entre la parte sólida y la líquida provoca que el núcleo externo sea un torbellino de corrientes y remolinos. Este movimiento es la mejor explicación de cómo se crea el potente campo magnético de la Tierra, que solo es superado por el de Júpiter en el Sistema Solar.

Inge Lehmann recibió muchos premios y reconocimientos por su descubrimiento. Y tuvo mucho tiempo para disfrutar de su éxito: vivió hasta los 104 años.

74 | Clasificación de los minerales

EN LA ACTUALIDAD, LOS MINERALES SE ORGANIZAN DE ACUERDO AL SISTEMA DE CLASIFICACIÓN NICKEL-STRUNZ. Elaborado por primera vez en 1941, y actualizado regularmente cada cierto tiempo, este sistema se basa en la química y en la estructura de los cristales.

La primera versión fue el sistema Strunz, a secas, llamado así por el geólogo alemán Karl Hugo Strunz. Como conservador de minerales en la Universidad Humboldt de Berlín, decidió organizar los ejemplares por sus propiedades químicas. Optó por dividir los minerales en 10 clases. En 2001, el estadounidense Ernest Nickel revisó la clasificación, y desde entonces se le ha llamado el sistema Nickel-Strunz.

CLASIFICACIÓN DE LOS MINERALES

Oro

1. ELEMENTOS
Este grupo incluye los elementos que aparecen de manera natural en su estado puro o nativo. Entre los elementos nativos hay metales como el oro y la plata, además de no metales como el azufre o el carbono (en forma de diamante, grafito y carbón).

Pirita

2. SULFUROS Y SULFOSALES
Esta clase está formada por compuestos que contienen iones sulfuro. Ese ion suele estar unido a un metal. Varios miembros de esta clase son minerales importantes. Otro miembro es la pirita, un mineral de sulfuro también conocido como el «oro de tontos».

Halita

3. HALUROS
Estos minerales son compuestos de halógenos, como el cloro, el flúor y el yodo. El más significativo es la halita, la forma mineral del cloruro de sodio, lo que conocemos como sal común.

Zafiro

4. ÓXIDOS E HIDRÓXIDOS
La mayoría de los minerales de esta clase son óxidos simples, como los minerales del cobre y el hierro, o el hielo, la forma sólida del agua. Además, aquí están varias gemas, como el rubí y el zafiro.

Calcita

5. CARBONATOS Y NITRATOS
Integrado por compuestos con iones de carbono y oxígeno, o de nitrógeno y oxígeno (menos habitual), en esta clase están la calcita y los minerales similares a la tiza de las calizas. El salitre, un mineral de nitrato, es un ingrediente de la pólvora.

Bórax

6. BORATOS
Es una de las clases más pequeñas del sistema. Un borato es un compuesto de boro y oxígeno. El más familiar es el bórax, que se suele emplear para productos de limpieza.

Barita

7. SULFATOS
A diferencia de la Clase 2, estos compuestos ricos en azufre también contienen átomos de oxígeno. Además, la clase incluye los cromatos, molibdatos y tungstatos, que son similares en su química aunque más raros.

Moscovita

8. FOSFATOS
Los minerales de esta clase, dominados por el fósforo, pero en el que también están arseniatos y vanadatos, son numerosos pero difíciles de encontrar. Uno de los más comunes es la apatita, una forma natural de fosfato de calcio, con el que está hecho el esmalte dental.

Datolita

9. SILICATOS
Este grupo heterogéneo, basado en unidades de dióxido de silicio dispuestas en varios patrones, constituye el 90 % de las rocas de la Tierra. El grupo incluye las micas y los feldespatos.

Ámbar

10. COMPUESTOS ORGÁNICOS
Algunos geólogos no consideran estos materiales como minerales porque no están hechos por procesos geológicos. En cambio, son creados en última instancia por procesos biológicos. En esta clase está el ámbar, una forma fosilizada de resina de árbol.

75 | Radar meteorológico

EL RADAR FUE UNA INNOVACIÓN DE LA SEGUNDA GUERRA MUNDIAL, Y QUIENES LO MANEJABAN en busca de aviones enemigos solían capturar señales equívocas de nubes que se acercaban. En tiempo de paz, era algo que podía aprovecharse.

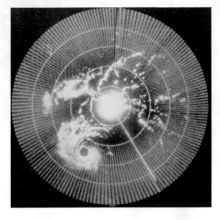

El radar es un sistema que utiliza pulsos de ondas de radio para detectar objetos a distancia. Las ondas de radio se reflejan en cualquier objeto en que golpeen, ya sea una flota de aviones o nubes que producen cortinas de lluvia, y el eco de radio producido que recibe la estación de radar le dice a los operadores qué hay ahí fuera. Los científicos de radar canadienses encontraron formas de correlacionar la intensidad del eco del radar con la intensidad de la lluvia, mientras que un equipo británico relacionó los patrones de eco con los tipos de nubes. El radar meteorológico pudo observar el desarrollo de sistemas meteorológicos, como el inicio de un tornado. Algo que no solo mejoró el radar, sino también la comprensión de la meteorología. Hacia 1980, el radar meteorológico era una herramienta habitual para el pronóstico del tiempo.

El radar meteorológico utiliza el efecto Doppler para detectar la dirección en la que se mueve el sistema meteorológico.

76 | Ediacara: una forma de vida perdida

SE PENSABA QUE LA VIDA APARECIÓ EN LA TIERRA DURANTE EL CÁMBRICO, cuyo inicio se fecha hace unos 540 millones de años. Pero un hallazgo en las montañas de Ediacara en el sur de Australia forzó a replantearse las cosas.

La *Dickinsonia* de Ediacara se ha descrito como una planta primitiva, un hongo o quizás un animal segmentado. Tal vez represente un reino de vida completamente diferente y ya extinto.

En 1946, el paleontólogo australiano Reg Sprigg encontró lo que suponía que eran medusas en rocas, que databan de los primeros días del Cámbrico. Se habían encontrado fósiles similares en otros lugares, y algunos aparecieron en rocas aún más antiguas, algo que contravenía la firme creencia de que la vida comenzó en el Cámbrico. Así que se pensó que estas estructuras de extrañas formas eran artefactos que dejaron ondas y burbujas en el sedimento.

Sin embargo, en la década de 1960 estaba claro que los fósiles de Sprigg eran vida multicelular que se remontaba a unos 575 millones de años, anterior al Cámbrico. Conocidos como la biota de Ediacara, estos extraños fósiles se parecían a frondas de helechos, gusanos planos y cochinillas, una mezcla de todos. ¿Eran nuestros primeros antepasados? Y desaparecieron de pronto, cuando comenzó la explosión cámbrica, por lo que tal vez fue una forma alternativa de vida que no sobrevivió.

77 | Microfósiles

MIENTRAS SE DISCUTÍA SOBRE LA ANTIGÜEDAD DE LA BIOTA DE EDIACARA, otro descubrimiento de fósiles en Gunflint Range (Minnesota, EE. UU.) en 1953 reajustó la cronología geológica y biológica.

Los animales, las plantas y los hongos no son los únicos seres vivos en la Tierra. Desde el siglo XVIII se sabe que también existe un mundo invisible de organismos microscópicos, como las bacterias, las levaduras o las amebas. Al principio, la paleontología de los microbios se centraba, sobre todo, en los sedimentos biológicos, como los que producían ciertas calizas. Bajo el microscopio, los fragmentos ricos en calcio mostraban las conchas de criaturas marinas microscópicas, hundidas en el fondo del mar después de que las partes blandas del animal se pudrieran. Todos estos depósitos se formaron durante el Paleozoico y el Mesozoico, eras de la Tierra en las que la vida compleja ya estaba presente (por ejemplo, el Cretácico, de hace 145 a 66 millones de años, se llama así por los grandes depósitos de tiza formados por restos de algas coccolitóforas).

Sin embargo, Gunflint Range contiene una capa de *chert* de casi 1 900 millones de años. Contiene capas de hierro rojo y sílice negra. En 1953, el cazador de fósiles Stanley Tyler examinó la capa negra bajo un microscopio y encontró pequeñas esferas y objetos en forma de varilla de unos 10 micrómetros de largo. Se parecían mucho a las células bacterianas, y su análisis mostró que eran cianobacterias fotosintéticas. Este descubrimiento hizo retroceder el punto de partida de la vida. Se había encontrado un nuevo eón de la vida, el Proterozoico, que cubre el tiempo en que la Tierra solo cobijaba vida simple y unicelular. El consenso actual es que los primeros organismos similares a las bacterias evolucionaron hace 2 500 millones de años.

Los microorganismos fósiles, como los del *chert* de Gunflint, forman estromatolitos. Estos fósiles con rayas están hechos de millones de capas de bacterias, donde cada nueva generación crece sobre los restos de la anterior.

78 | Dorsal mesoatlántica

LA EXPEDICIÓN CHALLENGER DE LA DÉCADA DE 1870 HALLÓ UNA ZONA DE LECHO MARINO BASTANTE accidentado en medio del Atlántico. En 1953, se descubrió que, en realidad, era la cadena montañosa más larga del mundo, oculta bajo el océano.

La dorsal mesoatlántica zigzaguea por el lecho marino y nunca se acerca a las costas de ambos continentes.

Los investigadores que iban a bordo del HMS Challenger estudiaban una posible ruta para un cable telegráfico transatlántico. Más adelante, los investigadores tuvieron un interés más científico en los accidentes submarinos. Les ayudó la invención de la ecosonda, que hace sonar señales de sonido agudas en el agua y capta los ecos del fondo marino. Era un método más rápido y preciso de obtener la profundidad del agua que las técnicas de sondeo anteriores. Hacia 1925, los sondeos realizados por Meteor, un barco de investigación alemán, mostraban que el accidentado

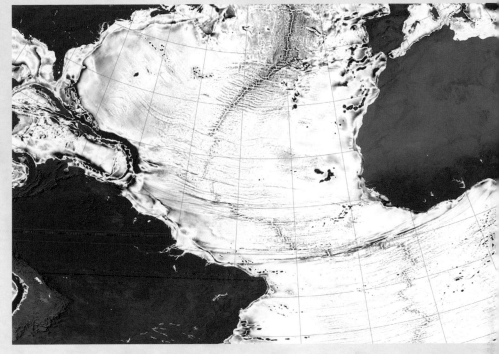

lecho marino parecía formar una larga sucesión de picos sumergidos, que se curvaban alrededor del extremo sur de África y entraban en el océano Índico.

MIRANDO MÁS ALLÁ

Derecha: la oceanografía se revolucionó con la invención de la sonda náutica, un sistema de eco creado por Herbert Grove Dorsey en 1928.

Hasta la década de 1950 no se generó un mapa conciso de todo el sistema, gracias sobre todo al trabajo de los geólogos y cartógrafos estadounidenses Maurice Ewing, Bruce Heezen y Marie Tharp. Ewing y Heezen recogieron datos de sonido a bordo de la nave de investigación Verna. Al ser mujer, a Tharp no se le permitió realizar trabajo de campo en el barco de investigación, regresó a Nueva York donde combinó esta información con otros datos sobre el fondo del océano recopilados por investigadores de la Institución Oceanográfica Woods Hole de Massachusetts. En 1953, trazó el mapa más claro de todo el fondo marino del Atlántico hasta entonces, mostrando que en medio surgían altas crestas con profundos valles. Era la dorsal mesoatlántica, y poco después se descubrió que en realidad es solo una sección de una cordillera submarina que se extiende desde el Ártico hasta el Índico oriental. Pronto quedó claro que la cresta estaba sísmicamente activa (y todavía lo está), y donde la cresta llegaba a la superficie se formaron islas volcánicas, como Islandia.

79 | Modelos climáticos

LA PREDICCIÓN METEOROLÓGICA PARTE DE UNAS CONDICIONES DE INICIO E INTENTA UTILIZARLAS para predecir cómo dichas condiciones habrán cambiado en un punto determinado del futuro. ¿Es posible crear un modelo para todo el planeta?

PREDICCIÓN INFORMÁTICA

El primero en usar las matemáticas para predecir el tiempo fue el británico Lewis Richardson. En 1922 hizo un pronóstico para las siguientes seis horas basado en el estado de la atmósfera. Sin embargo, le llevó seis semanas hacerlo a mano: así que su pronóstico llegó demasiado tarde. Para tomar impulso se necesitaba algún tipo de máquina de cálculo programable. ¿Podríamos llamarlo una computadora? A fines de la década de 1940 se construyó una de las primeras computadoras electrónicas (ENIAC, arriba) para el ejército de EE. UU., y en 1950 se utilizó para realizar un pronóstico del tiempo. Usaba un sistema simplista, pero podía producir resultados tan rápido como para convertirse en un método predictor útil. En 1954, los meteorólogos suecos utilizaron la ENIAC para hacer pronósticos de manera habitual.

En 1956, Norman Phillips, un meteorólogo que trabajaba en el Instituto de Estudios Avanzados de Princeton, elaboró un sistema matemático para modelar la forma en que la troposfera cambiaba cada mes. Cuando se ejecutaba en una computadora, creaba un modelo climático realista, capaz de avanzar en el tiempo y mostrar el estado de la atmósfera y los océanos varios años hacia adelante. Se completaba con sistemas meteorológicos y mapas de los vientos que soplaban en la superficie y en el límite con la estratosfera (la llamada corriente en chorro). El modelo de circulación general de Phillips fue el primer modelo climático. Se consideró un gran éxito, aunque nadie creía que proporcionase una predicción precisa de lo que iba a pasar con el clima los años siguientes. Lo que sí mostró fue que el tiempo y el clima son fenómenos que podrían modelarse con las matemáticas y con la suficiente potencia informática. Desde el paso adelante de Phillips, los modelos climáticos se han ido refinando para comportarse cada vez más como el verdadero sistema de la Tierra.

MODELO CLIMÁTICO DE LA NOAA

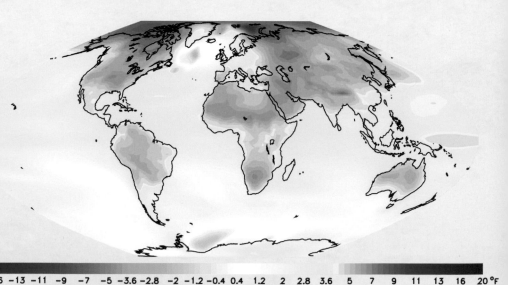

Un modelo climático de la Administración Nacional Oceánica y Atmosférica de EE. UU. (NOAA, por sus siglas en inglés) muestra sus predicciones de cambios en las temperaturas medias en todo el mundo en 2050.

| -20 | -16 | -13 | -11 | -9 | -7 | -5 | -3.6 | -2.8 | -2 | -1.2 | -0.4 | 0.4 | 1.2 | 2 | 2.8 | 3.6 | 5 | 7 | 9 | 11 | 13 | 16 | 20 °F |

Cambio de la temperatura del aire en superficie [°F]

(Media de 2050 menos media de 1971-2000)

80 | Satélite meteorológico

EN LOS PRIMEROS DÍAS DE LA CARRERA ESPACIAL, MUCHOS QUERÍAN IMAGINAR LOS BENEFICIOS DE UN SISTEMA que vigilase el tiempo desde el espacio. A principios de la década de los 60, los datos de los satélites mejoraban ya las predicciones.

Los primeros vehículos artificiales en llegar al espacio fueron bombas fabricadas por los alemanes. Cuando los científicos estadounidenses lograron algo similar se observaron los beneficios civiles de esta tecnología (aunque la parte militar siga teniendo sus adeptos). Si un satélite pudiera enviar imágenes en vivo de la atmósfera desde el espacio, sus pronósticos meteorológicos serían «de otro mundo». Y eso es lo que hicieron.

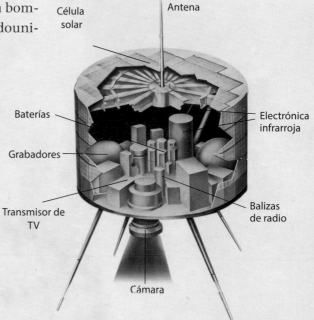

EN EL ESPACIO

Los primeros sistemas lanzaron cámaras a gran altitud mediante cohetes en vuelos suborbitales, pero los datos que se tomaron fueron de poca utilidad y no justificaron el gasto. Hacia 1959, había dos sistemas satelitales rivales en desarrollo. El primero en entrar en órbita fue Vanguard, diseñado por el Cuerpo de Señales del Ejército de EE. UU. Su misión era medir la ubicación y el espesor de las nubes. Sin embargo, en los primeros días de la tecnología espacial había mucho que aprender y mucho para equivocarse. Vanguard giraba en el ángulo equivocado para obtener una buena vista de la superficie de la Tierra, y su órbita elíptica, aunque más fácil de lograr con los vehículos de lanzamiento, no era adecuada para controlar la superficie de la Tierra. Vanguard fue descartado, y el programa TIROS de la NASA de 1960 demostró ir por mejor rumbo. A finales de la década, los satélites Nimbus de la NASA recogían ya datos de temperaturas y nubes. Los satélites meteorológicos actuales escanean detalles de la superficie de la Tierra, y se utilizan radares de microondas para detectar patrones de vientos.

TIROS se llamaba así por sus siglas inglesas (traducidas como Satélites de Observación de Televisión por Infrarrojos). Enviaron vídeos de las nubes de la Tierra.

Los satélites TIROS solo estaban en órbita durante unos 80 días. Las versiones actuales se colocan en órbitas geoestacionarias altas donde pueden permanecer durante muchos años.

CINTURONES VAN ALLEN

La primera nave espacial estadounidense fue la Explorer 1, que se lanzó con urgencia en enero de 1958, para competir con los exitosos Sputnik 1 y 2 de los soviéticos el año anterior. El vehículo de lanzamiento del Explorer 1 no pudo llegar a la órbita, a diferencia de los Sputniks, pero a pesar de la apenas oculta rivalidad de la Guerra Fría, la nave espacial se lanzó con el pretexto de un experimento geofísico, y generó resultados. Explorer descubrió intensas bandas de magnetismo muy por encima de la Tierra. Son los llamados cinturones Van Allen, por el científico de la NASA que los identificó. Los cinturones Van Allen son responsables de desviar las partículas cargadas en el viento solar alrededor de la Tierra. Estas se desvían hacia los polos, donde crea las auroras cuando llega a la atmósfera.

81 Tectónica de placas

HIZO FALTA MUCHO TRABAJO DE MENTES BRILLANTES PARA SABER QUE LOS CONTINENTES SE DESPLAZABAN, que los terremotos rompían rocas y que la corteza terrestre flotaba en un mar de magma. La teoría de la tectónica de placas lo combinó todo.

La corteza terrestre es una delgada capa de roca que rodea todo el planeta. Se divide en una docena de placas, que chocan y se aprietan, formando y rompiendo rocas sólidas y cambiando la geografía de la Tierra.

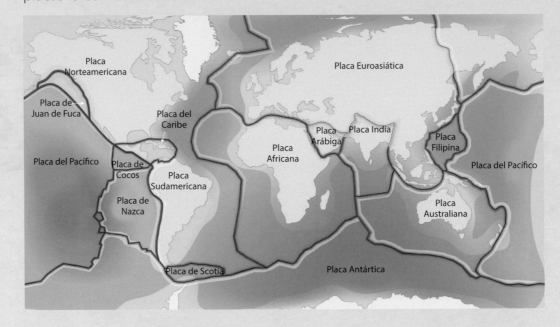

La principal figura en la teoría de la deriva continental, Alfred Wegener, necesitaba avalar su afirmación con un mecanismo por el que la tierra emergida pudiese navegar por el mundo. Planteó que los continentes, compuestos sobre todo de granito de baja densidad, flotaban en un «mar» de basalto más denso, la principal roca ígnea que forma el fondo marino. Los continentes, decía Wegener, surcaban el fondo del mar, como un iceberg flotando en el mar.

Cada vez más pruebas respaldaban que la deriva continental era correcta. Entre las más concluyentes estaba el paleomagnetismo, que demostró que el hierro de las rocas estaba alineado con el campo magnético de la Tierra cuando se formaron las rocas, aunque desde entonces se habían desalineado. Esto probaba que las rocas y los continentes que formaron cambiaban de sitio. Pero la pregunta de cómo aún no tenía respuesta.

Harry Hess repasa los conceptos básicos de la tectónica de placas y explica cómo la superficie de la Tierra cambia constantemente de forma.

EXPANSIÓN DEL FONDO MARINO

El paso adelante crucial en el desarrollo de la teoría de la tectónica (que significa «sobre la construcción») de placas llegó en 1960 cuando el geólogo estadounidense Harry Hess, quien tenía acceso casi ilimitado a los estudios del fondo del océano, gracias a un fuerte vínculo con la Marina estadounidense, planteó que esa nueva corteza se estaba formando en las dorsales oceánicas. Estas dorsales son

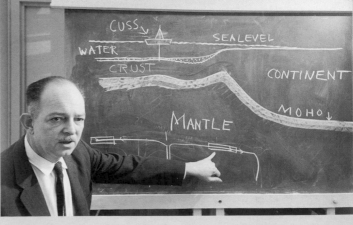

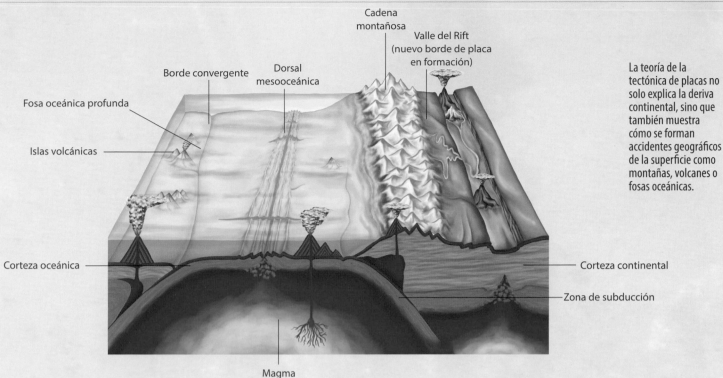

Cadena montañosa

Valle del Rift (nuevo borde de placa en formación)

Borde convergente

Dorsal mesooceánica

Fosa oceánica profunda

Islas volcánicas

Corteza oceánica

Corteza continental

Zona de subducción

Magma

La teoría de la tectónica de placas no solo explica la deriva continental, sino que también muestra cómo se forman accidentes geográficos de la superficie como montañas, volcanes o fosas oceánicas.

grietas en la corteza terrestre, donde el magma brota para llenar el vacío y forma un nuevo fondo marino de basalto. El magma ascendente, impulsado por las corrientes de convección en el manto –como si el interior de la Tierra hirviese lentamente–, continúa separando las grietas, y lenta pero seguramente el fondo marino se expande y separa las dos costas del océano. Se sabía que antes los cables transatlánticos se rompían, y por eso, Hess (y otros más tarde) demostraron que el Atlántico se separa 2,5 cm al año.

La corteza se divide en placas tectónicas. Las dorsales oceánicas forman bordes divergentes o constructivos, donde se crea una nueva corteza. Otros bordes son convergentes, donde una placa se hunde debajo de la otra hasta que se funde de nuevo en el manto. Estos son bordes destructivos, propensos a terremotos –donde las placas friccionan–, o volcanes –donde el magma escapa a la superficie. El Pacífico, que merma a medida que se extiende el Atlántico, está rodeado de bordes destructivos que se conectan para formar su Anillo de Fuego, la región más volcánica de la Tierra.

El calor del interior de la Tierra produce el proceso de las placas tectónicas y de la deriva continental.

82 | Fosa de las Marianas

HAY MÁS PERSONAS QUE HAN ESTADO EN EL ESPACIO QUE LAS QUE HAN VISITADO EL ABISMO CHALLENGER EN LA FOSA DE LAS MARIANAS, en lo más profundo del fondo del océano. En 1960, los primeros en ir allí usaron un vehículo singular llamado batiscafo.

El teniente de la Marina Don Walsh (izquierda) y el científico suizo Jacques Piccard preparan su nave antes de su inmersión de récord.

A diferencia de un submarino, un batiscafo carece de medio de propulsión. Se sumerge hundiéndose hacia abajo, hasta el fondo del mar. El batiscafo utilizado en la expedición de 1960 se llamaba Trieste. Fue construido por el científico suizo Auguste Piccard, sobre todo en Trieste (ahora en Italia) y lo pilotó su hijo Jacques. El batiscafo era propiedad de la Marina de EE. UU., así que el teniente Don Walsh se sumó a la tripulación. La pareja se sentó en una esfera de presión que colgaba bajo un gran tanque de gasolina. Este tanque funcionaba como un flotador, y el Trieste estaba cargado con bolitas de hierro, por lo que se hundió en el agua.

El 23 de enero de 1960, el Trieste se hundió en el océano. Se necesitaron cinco horas para descender, pero Walsh y Piccard pasaron apenas 20 minutos en el fondo del océano (10 916 m) antes de soltar las bolitas de hierro y comenzar el viaje de regreso de tres horas. Habían planeado quedarse más tiempo, pero la ventana exterior se rompió, por lo que, prudentemente, optaron por regresar antes. La presión del agua allí abajo es más de 1 000 veces mayor que en la superficie.

El Trieste tenía 15 m de largo. El tanque principal contenía 85 000 litros de gasolina. Había tanques de lastre de agua en cada extremo, para mantener el equilibrio. Los lastres de hierro se liberaron de los conos a ambos lados de la cápsula de la tripulación, que tenía 2,16 m de ancho.

83 | Meteoritos

COMO PADRE DE LA ASTROGEOLOGÍA, EUGENE SHOEMAKER HA BAUTIZADO UN ASTEROIDE, un cometa e incluso una nave espacial. Todo esto dio inicio con la investigación de un misterioso cráter en el desierto de Arizona.

La astrogeología compara las rocas de un planeta, una luna u otro material del espacio con lo que sabemos sobre la Tierra y poder descubrir su historia. Shoemaker pudo establecer un vínculo concluyente entre todas las rocas del Sistema Solar gracias a un descubrimiento en lo que entonces se llamaba cráter Barringer, en el centro de Arizona (EE. UU.). Algunos exploradores habían supuesto que se trataba de los restos de un volcán, pero otros pensaban que lo hizo un meteorito, un trozo de roca del espacio. En 1960, Shoemaker encontró coesita, un mineral que solo se había visto antes en los sitios de ensayos de bombas nucleares. No puede hacerse por fuerzas volcánicas naturales; solo podría crearlo la energía de un impacto de meteorito. Shoemaker proporcionó la primera prueba de que grandes meteoritos con una geología como las rocas de la Tierra golpeaban nuestro planeta. Lo que vemos aquí abajo, lo veremos allá afuera en el espacio.

El lugar del descubrimiento de Eugene Shoemaker es ahora conocido como cráter del Meteorito.

84 | Giro del campo magnético terrestre

LA DISCIPLINA DEL PALEOMAGNETISMO COMENZÓ A PRINCIPIOS DE 1900, cuando los geólogos observaron que algunas rocas estaban magnetizadas en sentido opuesto a la dirección del campo de la Tierra en esa zona.

Los magnetómetros miden la fuerza y la polaridad de un campo magnético. Se llevaron magnetómetros especializados al fondo marino para detectar cambios en la polaridad (o dirección) de las partículas magnéticas congeladas en su interior.

La investigación paleomagnética se centró sobre todo en trazar el movimiento de los continentes a través del tiempo geológico, a fin de ayudar a entender cómo se movían. En la década de 1960 se habían acumulado suficientes pruebas para pensar en otro fenómeno: que el campo magnético de la Tierra se había invertido muchas veces en un pasado remoto. Eso significaba que si las brújulas hubieran existido entonces, durante algunos períodos habrían apuntado hacia el sur.

Las rocas volcánicas magnetizadas conservan rastros del campo magnético de la Tierra en el momento en que se enfriaron. Durante las investigaciones sobre la expansión del fondo marino, como parte de la formulación de la teoría de la tectónica de placas, se hizo patente que el campo magnético del planeta se ha volcado 181 veces en los últimos 83 millones de años, y podría volver a suceder pronto.

85 Punto caliente

EN 1963 «EMERGIÓ» UNA NUEVA TEORÍA SOBRE CÓMO SE FORMAN LAS CADENAS DE ISLAS, COMO LAS DE HAWÁI. Podría ser la idea definitiva sobre cómo se expande el suelo marino.

Cualquiera que haya visitado Hawái sabrá que esa tierra es de origen volcánico. En la mayoría de esas regiones, los volcanes aparecen en cadenas que se forman a lo largo de algún tipo de borde de placa. Sin embargo, no es el caso de Hawái. La mayoría de las islas del estado no tienen volcanes activos. J. Tuzo Wilson desarrolló la idea de un punto caliente para explicarlo. Propuso que las islas hawaianas se formaron una a una mientras la placa del Pacífico se movía sobre una pluma de magma caliente que se elevaba a través de la corteza, un punto caliente. Este alimentaba los volcanes de la superficie, formando una isla. La expansión del fondo del mar alejaba constantemente esta isla del punto caliente, pero la pluma de magma estaba en el manto, por lo que permanecía donde estaba. A su vez, se formaban nuevas islas y se alejaron, y solo la isla más nueva seguía conectada al magma. Todavía no se sabe cómo se reúne el magma en una parte del manto para crear una pluma.

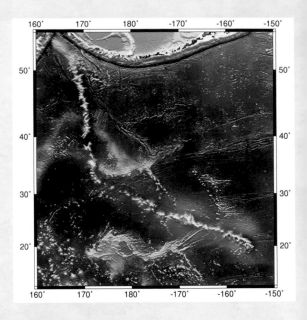

Vistas desde el espacio, las islas Hawái siguen un trazado por el océano.

86 Formación de la Tierra

¿QUÉ NOS PUEDE DECIR LA GEOCIENCIA SOBRE LA FORMACIÓN DEL PLANETA? Una teoría de 1969 sigue siendo la mejor explicación.

La idea de que la Tierra y los otros planetas del Sistema Solar se unieron de alguna manera a partir de una nebulosa –una mancha difusa de materiales, como polvo y gas–, es antigua. Sin embargo, el astrónomo ruso Viktor Safronov le dio un sentido concreto en 1969 con la publicación de su teoría de la nebulosa solar.

Esta teoría dice que, primero, el Sol se formó a partir de una bola de gas en contracción. En el proceso,

Los planetas se formaron a partir de una nebulosa solar en forma de disco.

el material restante se convirtió en un disco giratorio. Los componentes más pesados, los granos de silicato y metal, orbitaban más cerca de la joven estrella, mientras que los hielos livianos estaban más lejos, donde el frío era suficiente para que se congelasen. Poco a poco, estos materiales se unieron y comenzaron a agruparse en objetos cada vez más grandes, llamados planetesimales. La gravedad hizo efecto, y estos planetesimales barrieron más material a medida que crecían, hasta convertirse en planetas.

La Tierra se formó a partir de los minerales y metales pesados que se juntaron en las cercanías del Sol. Durante millones de años, los impactos de meteoritos fueron más o menos constantes, y calentaron el planeta en una bola casi completamente fundida. En esta etapa, los componentes metálicos más densos cayeron al interior del joven planeta y formaron el núcleo metálico, mientras que los silicatos, más ligeros, crearon el manto, y se enfriaron lo suficiente como para formar una corteza sólida.

El Telescopio Espacial Kepler, en uso de 2009 a 2018, escaneó el cielo en busca de planetas que orbitasen otras estrellas. ¿Qué seremos capaces de aprender de esos planetas remotos?

87 | La NOAA

La Administración Nacional Oceánica y Atmosférica (NOAA por sus siglas inglesas), la principal organización de ciencias de la tierra de EE. UU., fue creada en 1970, pero su historia es mucho más larga y venerable.

Podemos rastrear la historia de la NOAA hasta 1807, cuando el Congreso exigió un estudio exhaustivo de la costa del nuevo país. El Servicio de Costas y Geodesia fue la primera agencia científica del gobierno en la historia estadounidense. Hacia 1917, la organización había pasado a llamarse Servicio Costero y Geodésico, y su personal se nutría de oficiales comisionados del ejército, la marina y otros. La razón era brindar protección a los topógrafos, que podrían ser capturados por una potencia enemiga. Su uniforme los identificaba claramente para que no pudieran ser tratados como espías. Durante el siglo XX, se fueron sumando otras agencias y servicios de ciencias de la tierra. Por ejemplo, la Oficina Meteorológica de EE. UU. se integró en 1965. Ya en 1970, el presidente Richard Nixon convirtió el mosaico de agencias de ciencias de la tierra en la NOAA, con la idea de que ofrecería «una mejor protección de la vida y la propiedad de los peligros naturales… para una mejor comprensión del medio ambiente… [y] el uso inteligente de nuestros recursos marinos». Además de realizar investigaciones sobre los océanos y la atmósfera de la Tierra, la nueva agencia también se encargó de cuidar la industria pesquera y las reservas marinas, de lidiar con las sequías y de gestionar una flota de satélites.

Un equipo de la NOAA en busca de una tormenta, a fin de comprender las claves de los tornados.

88 Pozos superprofundos

LA TECTÓNICA DE PLACAS Y OTRAS TEORÍAS DE LA GEOLOGÍA FÍSICA DESCANSAN EN QUE EL MANTO SEA UNA PASTA FLEXIBLE DE ROCA CALIENTE. Pero eso es solo una suposición fundada. Nunca se ha recogido una muestra del manto. Es hora de ir más allá, de... profundizar.

La plataforma de perforación del Pozo Superprofundo de Kola, antes de su clausura en 1995.

En 1961, se trataba a la exploración del interior de la Tierra como un proyecto gemelo (el gemelo tranquilo) de la Carrera Espacial. EE. UU. lanzó el Proyecto Mohole, un nombre ingenioso para explicar que era un plan para perforar un agujero (*hole* es «agujero» en inglés) en el Moho (ver más en página 79). Debajo de las masas continentales, el Moho puede estar a 65 km de profundidad, pero en ciertas partes del fondo marino, la corteza oceánica tiene solo 6 km de espesor, quizás menos. Sin embargo, perforar a través de kilómetros de roca desde barcos que flotan sobre el fondo del mar resultaba más difícil que ir al espacio. Un pozo del Proyecto Mohole logró llegar a 183 m (perforando a 3 600 m de profundidad bajo el agua) en el interior de la corteza rocosa: más profundo que nunca antes y de gran interés geológico, pero todavía muy lejos del Moho.

EL POZO SUPERPROFUNDO DE KOLA

En 1970, la Unión Soviética trató de vencer a EE. UU. en su carrera hacia el manto. Se adoptó un enfoque diferente y eligieron perforar en tierra, y crearon el pozo el Pozo Superprofundo de Kola, en el noroeste de Rusia. Esta operación de perforación continuó hasta 1992, y el proyecto se cerró oficialmente en 1995. ¿Cómo le fue en todo ese tiempo?

Se perforaron varios pozos desde un punto de entrada central, cada uno de solo 23 cm de diámetro. En 1989, el pozo más profundo había alcanzado los 12 262 m. El equipo siguió adelante con el objetivo de alcanzar la profundidad objetivo de 15,000 m en 1993. Sin embargo, la temperatura de la roca a la profundidad de 1989 era de 180° C, algo imposible de manejar para el equipo de perforación. El pozo Kola sigue siendo el agujero más profundo de la Tierra, aunque todavía está muy lejos del Moho (los campos petroleros tienen hoyos más largos pero no descienden recto. El récord actual es un hoyo de 12 345 m frente a la costa siberiana).

El último plan para llegar al manto es el proyecto internacional SloMo, que está perforando una dorsal del fondo marino en el océano Índico, donde el manto está a solo 2,5 km de profundidad. Por ahora, la perforación va a mitad del camino.

89 | Tornados

LOS TORBELLINOS Y LOS TORNADOS NO SON EXTRAÑOS FUERA DE EE. UU., pero en ninguna otra parte se sufre con tanta frecuencia su potencia destructiva. En 1971 se creó un sistema de clasificación de tornados para ayudar a anticiparse al peligro.

Un tornado es un embudo de aire que gira, que conecta la base de un cumulonimbo con el suelo. La presión del aire dentro del embudo es muy baja, quizás el 80 % de lo habitual al nivel del mar. Las corrientes ascendentes absorben el material dentro de la nube, y el cambio de presión puede, en casos extremos, hacer que los edificios, literalmente, exploten. La velocidad del viento de un tornado medio es de 180 km/h o menos, tiene 80 m de diámetro y solo dura unos minutos antes de desaparecer. Sin embargo, se han dado tornados de 3 km de diámetro y que giraban a 480 km/h, que han dejado a su paso un camino de destrucción de 100 km de largo.

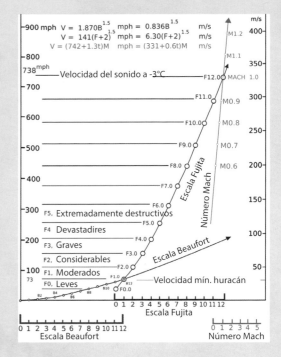

La capacidad de predecir tornados comenzó en 1948, cuando dos de ellos golpearon la Base de la Fuerza Aérea Tinker en Oklahoma con pocos días de diferencia. La estación meteorológica de la base pudo comparar sus características comunes de inicio. En 1971, Tetsuya «Ted» Fujita creó una escala que iba desde F0, el grado más débil, hasta F5, el más dañino. Si bien se basa en la velocidad del viento dentro del tornado, la escala Fujita es más bien una evaluación de daños y se aplica retrospectivamente para que los servicios de emergencia se dirijan a donde más se necesitan.

La escala Fujita comparada con otras formas de entender la velocidad del viento.

SÚPER OLEADA DE TORNADOS

La Súper Oleada de Tornados de 1974 fue la oleada de tornados más violenta de la historia. En 24 horas, los días 3 y 4 de abril, se formaron 148 tornados en 13 estados de EE. UU. –en el Tornado Alley, que va de Texas hasta Michigan–, y 30 de ellos fueron F4 o mayores. Causaron daños por valor de 4 500 millones de dólares (en precios de hoy) y fallecieron 335 personas. Otra oleada, en 2011, tuvo más tornados, 216, pero menos potentes. Sin embargo, golpearon más áreas urbanas y causaron 348 muertes.

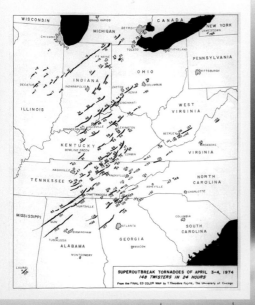

90 Fuentes hidrotermales

EN 1976, LOS EXPLORADORES DE LAS PROFUNDIDADES DEL OCÉANO hallaron una fuente termal en el fondo del mar y una extraña forma de vida.

Los estudios en aguas profundas encontraron en ocasiones agua caliente hipersalina (muy salada) en el fondo del océano frío. Se suponía que estas aguas se filtraban en algún lugar de las regiones volcánicamente activas del fondo marino. Los buscadores de minas se preguntaban si las rocas de estos lugares podrían contener metales valiosos, pero resultaba difícil encontrar las fuentes de agua caliente en un mar oscuro y profundo.

En junio de 1976, los exploradores de la Institución Scripps de Oceanografía de San Diego hallaron una en el Pacífico Oriental, cerca de las islas Galápagos.

Las primeras pistas de las cámaras operadas a distancia indicaban que los manantiales –o, con mayor exactitud, las fuentes hidrotermales– eran demasiado calientes para los seres vivos. El agua estaba a unos 60° C, en contraste con los 2° C del resto del océano profundo. El equipo de Scripps bautizó como Clam Bake a ese respiradero, y planeó acercarse en persona mediante el sumergible Alvin (que fue operado por la Institución Oceanográfica Woods Hole, ubicado en la costa este estadounidense). Al llegar a la fuente, se hizo patente que, contra todo pronóstico, era compatible con un ecosistema fértil, como nunca antes se había visto.

Algunas fuentes hidrotermales pueden alcanzar los 464° C. Se mantienen líquidas por la combinación de las grandes presiones sobre el fondo marino y los numerosos minerales disueltos. A menudo, estos minerales se precipitan en una nube oscura en contacto con el océano frío, y crean las llamadas «fumarolas negras».

UNAS PROVECHOSAS SUSTANCIAS QUÍMICAS

El Alvin y otros sumergibles de aguas profundas se diseñaron como sustitutos de los batiscafos de la década de 1960. Se manejaban mejor y estaban equipados con luces, cámaras y dispositivos de muestreo.

El agua que emerge de estos respiraderos se ha filtrado a través de rocas calentadas por la actividad volcánica más profunda. Cuando llega al fondo marino, es rica en minerales, que son utilizados como alimento por las bacterias que viven en el agua caliente. Muchos animales, como gusanos y moluscos, permiten que estas bacterias vivan dentro de sus cuerpos a cambio de un suministro de nutrientes. Este es el único tipo de ecosistema en la Tierra que no depende de una fuente de energía solar.

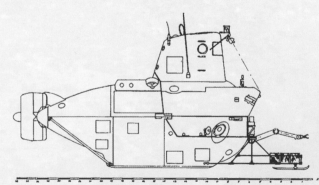

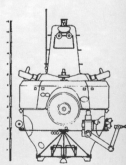

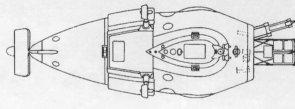

91 | Extinciones en masa

HACE UNOS 66 MILLONES DE AÑOS, LOS DINOSAURIOS Y OTROS REPTILES GIGANTES QUE UNA VEZ GOBERNARON LA TIERRA se extinguieron de pronto. El suceso se considera el final de la era Mesozoica y el comienzo del Cenozoico. En 1980, un equipo formado por un padre y un hijo encontró una pista en las rocas sobre la desaparición de los dinosaurios.

Luis (izquierda) y Walter Álvarez en el límite K-Pg, en Italia.

Todos los límites en la escala de tiempo geológico se relacionan con un cambio global en el registro de rocas y fósiles. El final de la era Mesozoica, conocido como el límite K-Pg porque el Cretácico (K) dio pasó al Paleógeno (Pg) al mismo tiempo, fue un gran cambio. No solo fue testigo de la pérdida de los grandes reptiles, sino también de todos los amonites y muchas plantas con flores. Se debatía mucho por qué había desaparecido toda esta vida de repente. Una antigua idea era que los dinosaurios se hicieron tan grandes y lentos que no pudieron superar un cambio en el clima. Tiempo después, en 1980, Luis y Walter Álvarez, un veterano físico nuclear y su hijo geólogo, promovieron una teoría mucho mejor: un gran meteorito había golpeado la Tierra al mismo tiempo que la extinción. Había quemado enormes extensiones de tierra y enviado nubes de polvo a la atmósfera, que «protegieron» el planeta del Sol durante muchos años. Estas fueron las circunstancias que llevaron a la muerte de tres cuartos de la vida terrestre. La prueba de los Álvarez fue la presencia de cuarzo de impacto, un mineral que solo puede formarse tras un impacto muy violento. Una fina capa de este mineral cubría todo el planeta en el límite de K-Pg. La hipótesis de Álvarez no decía dónde había ocurrido el impacto, pero en 1990 se descubrió que era en Chicxulub en el sur de México, donde existe un cráter de 150 kilómetros, que ahora está casi todo bajo el mar Caribe. ¡Se estima que lo creó una roca espacial de unos 80 km de diámetro!

Ha habido cinco extinciones masivas, la más reciente la del Cretácico-Paleógeno, que resultó relativamente leve.

Hace 444 millones de años

Actualidad

Ordovícico-Silúrico · Devónico-Carbonífero · Pérmico-Triásico · Triásico-Jurásico · Cretácico-Paleógeno

Animales extintos (de izquierda a derecha): Graptolitos, Trilobites, Corales tabulados, Crinoideos, Amonites

Extinción	Ordovícico-Silúrico	Devónico-Carbonífero	Pérmico-Triásico *(Gran Mortandad)*	Triásico-Jurásico	Cretácico-Paleógeno
Fecha	Hace 444 millones de años	Hace 375 millones de años	Hace 251 millones de años	Hace 200 millones de años	Hace 66 millones de años
Especies extintas	86 %	75 %	96 %	80 %	76 %

92 | Lahar

LAS ERUPCIONES VOLCÁNICAS SIEMPRE HAN OCASIONADO TRAGEDIAS REPENTINAS Y MORTÍFERAS. En 1985, el mundo asistió con asombro a una amenaza volcánica menos conocida, pero que destruyó el pueblo de Armero.

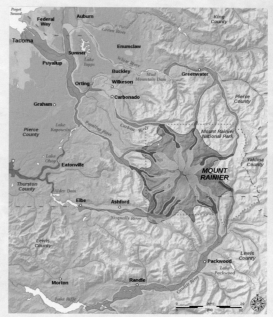

En la noche del 13 de noviembre de 1985, el volcán Nevado del Ruiz, en Tolima (Colombia), entró en erupción. No fue algo inesperado, ya que los vulcanólogos habían advertido de una mayor actividad en los últimos dos meses. Sin embargo, la comunidad local no parecía demasiado preocupada. Históricamente, las erupciones no invadían áreas habitadas. Pero, durante esta erupción, un flujo piroclástico, una corriente rápida de gas y, en este caso, cenizas ardientes, derritieron los glaciares de la montaña. Esto dio pie a una serie de torrentes y deslizamientos de tierra, llamados lahar. En total, cuatro lahares bajaron la montaña a velocidades de 50 km/h. Su velocidad aumentó a medida que se canalizaban en barrancos y desembocaban en los seis ríos principales, alimentados por la cuenca de la montaña. Dos de los lahares se unieron en un afluente del río a unos 20 km de las erupciones; y 15 km más abajo, esta masa de lodo, agua y rocas engulló el pueblo de Armero. La mayoría de sus 29 000 habitantes dormían, y más de 20 000 murieron cuando el lahar enterró sus hogares. Otras 3 000 personas fallecieron cuando los lahares asolaron otras localidades. Fue el segundo desastre volcánico más mortal del siglo XX; se habría evitado en gran medida se haberse seguido los procedimientos de evacuación.

Este mapa de la USGS muestra las zonas de peligro alrededor del monte Rainier, un volcán elevado en el estado de Washington. Las áreas marcadas en verde, naranja y rojo sufren riesgo de lahares.

Un lahar deja una cicatriz en el paisaje tras dividir una villa en las montañas de Indonesia.

93 | Agujero de ozono

A FINES DE LA DÉCADA DE **1920** SE INVENTÓ UN TIPO ARTIFICIAL DE GAS, A FIN DE REEMPLAZAR, con mayor seguridad, los refrigerantes y propulsores más tóxicos. Conocidos como clorofluorocarbonos o CFC, estos gases resultaron una amenaza global.

El laboratorio Dupont, que produjo una forma comercial del gas CFC, buscaba una sustancia químicamente inerte. Los científicos dieron por hecho que la gran fuerza del enlace entre los átomos de cloro, flúor y carbono nunca se rompería bajo condiciones naturales, por lo que el gas no representaría una amenaza. Las pruebas mostraron lo mismo, y los nuevos gases reemplazaron las sustancias tóxicas y explosivas en aerosoles y refrigeradores. Cuando ya no era necesario, el gas se liberaba al aire y nadie se preocupaba por él.

En 1973, dos químicos, el estadounidense F. Sherwood Rowland y el mexicano Mario Molina, de la Universidad de California, investigaron con más detenimiento lo que los CFC podrían hacer en la atmósfera. Descubrieron que alcanzaban el centro de la estratosfera antes de ser divididos por la radiación ultravioleta. Ambos observaron que este proceso de descomposición liberaría átomos de cloro libre, que reaccionarían con el ozono en la estratosfera (el ozono es una molécula de tres átomos de oxígeno, en lugar de los dos normales). El ozono es tóxico para los animales, pero en la estratosfera la capa de ozono proporciona un escudo contra la luz ultravioleta de alta energía. En 1985, el British Antarctic Survey avisó de que los temores de Molina y Rowland estaban justificados. Los CFC habían creado un gran agujero sobre la Antártida. Si se permitía que los CFC se acumulasen aún más, todo el ozono de la Tierra podría desaparecer, con innumerables consecuencias para la vida, no acostumbrada a la exposición de los dañinos rayos UV. En un caso único de unidad internacional, en 18 meses se acordó una prohibición mundial de los CFC (el protocolo de Montreal).

Ilustración del crecimiento (y ahora de la contracción) del agujero de ozono en las últimas décadas. Los colores azules muestran dónde se agota el ozono en la alta atmósfera.

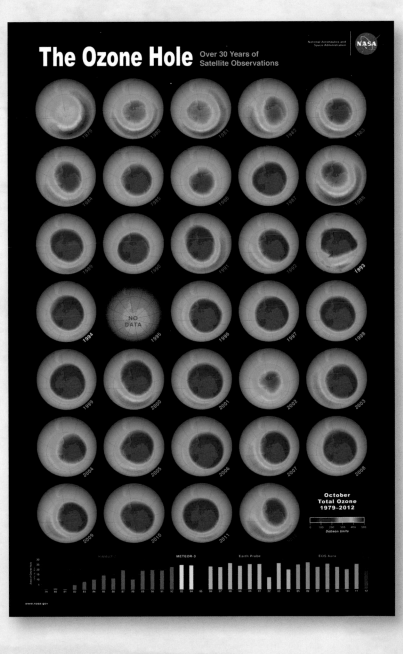

Mario Molina (arriba) y Sherwood Roland compartieron el Premio Nobel de Química de 1995 con Paul J. Crutzen, un científico atmosférico holandés experto en la capa de ozono.

94 Superglaciación

EL CONCEPTO DE GLACIACIÓN SE ACEPTÓ HACE MÁS DE UN SIGLO. En 1992 se propuso una idea aún más radical. ¿Se había enfriado tanto el planeta en el pasado remoto que estuvo congelado por completo? ¿Y esta congelación repentina tal vez tenía relación con el surgimiento de la vida tal y como la conocemos hoy?

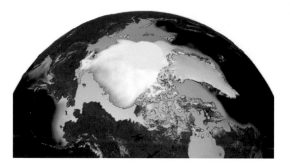

EL ALBEDO

Las superficies oscuras absorben la luz y el calor, mientras que las claras reflejan estas energías. Por lo tanto, el albedo, o reflejo de la Tierra, aumenta a medida que crece la cantidad de hielo en su superficie. En la década de 1960, el climatólogo ruso Mikhail Budyko propuso que este proceso podría crear un circuito de retroalimentación, donde un clima frío conducía a temperaturas cada vez más gélidas porque el calor del Sol se reflejaba. ¿Fue este el mecanismo que creó la superglaciación?

El principal pilar de esta idea es la hipótesis de la glaciación global, acuñada por el geólogo estadounidense Joseph Kirschvink en 1992. Sin embargo, la idea de un suceso así en algún momento –o quizá varios– del pasado había estado dando vueltas en los círculos geofísicos durante mucho tiempo. Una de las teorías provino de Douglas Mawson, geólogo australiano que encontró pruebas de una glaciación en las rocas precámbricas de su país de origen. Esto le indicó que el mundo entero –al menos la tierra emergida– había estado cubierto de glaciares. ¿De qué otra forma podría haberse congelado un lugar subtropical como Australia? Mawson trabajó a principios de la década de 1950, antes de que las pruebas de la deriva continental superasen las opiniones acumuladas en su contra. Por entonces, la idea de que Australia hubiera estado en latitudes mucho más frías no figuraba en sus consideraciones. Sin embargo, la idea de una Tierra congelada nunca se descartó del todo.

MENSAJES MAGNÉTICOS

En la década de 1960, dentro de la investigación sobre la deriva continental y la tectónica de placas, los datos paleomagnéticos mostraron que cuando se formaron los depósitos glaciales en lo que ahora es Svalbard y Groenlandia, estas masas de tierra estaban mucho más al sur, en latitudes tropicales. Más tarde, otros trabajos indicaron que por entonces la glaciación era tan extrema que el océano se estaba congelando incluso en los trópicos.

¿CÓMO Y CUÁNDO?

Hay varios mecanismos que podrían ser responsables. Uno sería el efecto del albedo: un planeta más blanco y helado refleja más calor (ver información de la izquierda). O podría haber una reducción repentina en el dióxido de carbono, lo que disminuiría el efecto invernadero del planeta, por el calor se retendría menos. El modelo climático confirmó que un clima mucho más frío, donde la superficie de la Tierra estuviera en gran medida congelada, podría valerse de estos efectos para mantener la superglaciación durante un largo período.

LA GRAN OXIDACIÓN

En la actualidad, el aire tiene un 21 % de oxígeno, pero no siempre fue así. El oxígeno está en el aire porque las formas de vida lo exhalan por el proceso de fotosíntesis. Antes de que la vida hiciera esto, la atmósfera de la Tierra tenía mucho más dióxido de carbono. Las primeras formas de vida no necesitaban oxígeno, y cuando la fotosíntesis comenzó a liberar el gas, resultó tóxico para la mayor parte de la vida, y generó una extinción masiva: la Gran Oxidación. Las piedras de hierro en bandas (izquierda) se forman cuando el oxígeno reacciona con hierro puro y forma capas de hematita roja. Es una señal segura de un momento en el que hubo un repunte de oxígeno en el aire.

Según Joseph Kirschvink, la glaciación global probablemente sucedió en el eón Proterozoico, antes de que surgiese la vida compleja. Duró 100 millones de años y el mar se habría congelado casi por completo, a excepción de algunas aguas abiertas cerca del ecuador. Otros creen que la glaciación no fue tan extrema y se acercaría más a un planeta semicongelado, con varias áreas que se descongelan y vuelven a congelar regularmente. Nieve o aguanieve, esta parte glacial de la historia de la Tierra se llama ahora período Criogénico. Otra candidata a la superglaciación es la glaciación de Huronia, la más antigua y más larga en la historia de la Tierra, que ocurrió entre 2 400 y 2 100 millones de años atrás. Sucedió justo después de que la evolución de la fotosíntesis causara la Gran Oxidación (ver recuadro de arriba). Provocó que los niveles de oxígeno aumentaran rápidamente, y el colapso de los niveles de dióxido de carbono ocasionó un clima mucho más frío.

95 | El proyecto Argo

EN 1999, UN GRUPO DE OCEANÓGRAFOS SE REUNIÓ EN MARYLAND (EE. UU.) PARA PLANEAR UNA ESTRATEGIA DE OBSERVACIÓN COMÚN. Su objetivo era actualizar la forma en que se recogían datos del océano. El resultado se llamó Argo.

Cada sonda Argo dura unos cuatro años. Hay unas 300 funcionando en estos momentos.

A principios de la década de 1990, se lanzó el satélite Jasón (por el mítico marino griego) para observar la forma de las superficies oceánicas (sus partes más altas y bajas, causadas por mareas, vientos y corrientes). Cuando los oceanógrafos decidieron establecer un sistema de medición para complementar los datos recogidos por el satélite, decidieron llamar Argo a su proyecto, por el barco de Jasón (sus tripulantes eran los argonautas). En solo ocho años, Argo envió 3 000 sondas flotantes para crear mapas en tiempo real de la forma en que cambian la temperatura y la salinidad del océano.

Cada boya Argo envía datos por enlace vía satélite. También está diseñada para hundirse bajo la superficie a intervalos programados y recopilar datos a diferentes profundidades. Lo hace bombeando aceite dentro y fuera de una vejiga de goma para cambiar su densidad. Hasta ahora, las sondas Argo han enviado más de un millón de lecturas.

96 | Formación de la Luna

LA LUNA ES APROXIMADAMENTE UNA CUARTA PARTE DEL TAMAÑO DE LA TIERRA. Para un planeta de un tamaño más bien pequeño, es una luna proporcionalmente enorme. ¿De dónde salió?

EL LADO VISIBLE

La Luna siempre nos muestra la misma cara. Sin embargo, gira, pero su rotación se ha sincronizado con la de la Tierra. El tiempo que necesita la Luna para moverse alrededor de la Tierra es igual al tiempo que le toma a la Luna girar sobre su eje, y aunque ambos cuerpos están en un giro constante, el mismo lado de la Luna siempre mira hacia nosotros. Es el resultado de que la gravedad de la Tierra haya afectado a la Luna, disminuyendo su rotación hasta quedar sincronizada.

Durante buena parte del siglo XX, la mejor teoría que teníamos sobre el origen de la Luna era la de Darwin. No de Charles Darwin, sino la de su hijo George, astrónomo y geólogo. A principios de siglo, Darwin afirmó que la Tierra primitiva, todavía muy caliente y, por lo tanto, blanda, giraba tan rápido que arrojó uno o varios trozos de roca fundida y metal. Entraron en órbita y poco a poco se enfriaron y formaron la Luna.

ROCA LUNAR

Esta teoría de la fisión fue, al principio, poco más que una extensión de la imaginación de Darwin, ya que no se basaba en pruebas reales. Sin embargo, esto cambió cuando los astronautas del programa Apolo regresaron con su impresionante arsenal de rocas lunares. El contenido mineral de la Luna parecía muy similar al del manto de la Tierra. Algo que tendría sentido si se formase a partir de la misma materia. La teoría de la fisión tomó la delantera a otras dos ideas «rivales». La primera era la teoría de la acumulación, que decía que la Tierra y la Luna se formaron como cuerpos separados del mismo material original. Sin embargo, había problemas con esta idea. Si ambos cuerpos se formaron a partir del mismo proceso, ¿por qué la Luna no es una versión pequeña de la Tierra? La Tierra tiene un gran núcleo metálico, y provoca que sea casi dos veces más denso que la Luna, que se cree que tiene un núcleo pequeño y frío. ¿Quizás la Luna se hizo en otro lugar del Sistema Solar? Es lo que propone la teoría de la captura. La Luna pasó por nuestros alrededores y cayó bajo el control gravitatorio de la Tierra. Sin embargo, aquí también hay inconsistencias. Otros planetas han capturado lunas, por la fricción de sus tenues atmósferas superiores, que ralentizan las rocas espaciales lo suficiente como para atraparlas en una órbita. Pero para capturar algo tan grande como la Luna, la Tierra primitiva habría tenido que estar rodeada de una atmósfera increíblemente enorme y densa.

TEORÍA DEL GRAN IMPACTO

Sin embargo, en general, los geólogos no estaban convencidos de la teoría de la fisión, y tras muchos años de desarrollo, surgió una teoría alternativa en 2000. Incluso tenía un nombre pomposo: la hipótesis del gran impacto (también conocida como *Big Splash*). Tras modelarse una y otra vez en los ordenadores, la teoría actual es la siguiente: el tamaño de la Tierra era

La visión de dos planetas que colisionan entre sí tuvo que ser impactante.

originalmente el 90 % del actual. Hace unos 4400 millones de años, después de que la Tierra hubiera disfrutado de unos pocos millones de años para ponerse en orden, llegó otro planeta, aproximadamente del tamaño de Marte. Este hipotético planeta recibe el nombre de Tea, en honor a la diosa griega que engendró el Sol y la Luna. Tea golpeó la Tierra con un ángulo oblicuo que no destrozó ambos planetas, pero fue suficiente como para derretir sus superficies en un océano de magma, lo que les permitió fusionarse. El impacto también sacó un trozo de material fundido del manto de la Tierra, que se convirtió en un sistema de anillo orbital; y esto acabó por consolidarse como nuestra Luna. Sería una explicación de por qué los minerales en las rocas de la Luna son tan similares a los que se encuentran en el manto de la Tierra, y por qué el núcleo metálico de la Luna es tan débil en comparación con el de la Tierra (la mayor parte del metal de la Tierra está en el interior del núcleo). En cuanto a la Tierra, la hipótesis del gran impacto explica por qué tiene un núcleo metálico más grande que la media de su tamaño; después de todo, una sexta parte de su entonces masa es ahora la Luna. Además, el impacto con Tea propició que la corteza terrestre sea muy delgada y propensa a agrietarse, una característica básica de la superficie tectónica en constante cambio de la Tierra, algo que no se observa en otros planetas.

La hipótesis del gran impacto comenzó con el descubrimiento de que las rocas lunares están compuestas de los mismos minerales de silicato que se encuentran en el manto de la Tierra.

MARES LUNARES

Las características más visibles de la superficie lunar son unas manchas oscuras. Los primeros observadores pensaron que se trataba de cuerpos de agua, por lo que los llamaron *maria* (singular, *mare*), el término en latín para «mares». Los mares lunares recibieron nombres, como mar de la Tranquilidad. Son llanuras planas formadas por erupciones volcánicas que inundaron las llanuras. A pesar de dominar nuestra visión de la Luna (en la foto, arriba), los mares solo cubren el 16 % de su superficie. El lado oculto (abajo) está cubierto de mesetas escarpadas. Una explicación es que a medida que la Luna se formaba a partir de fragmentos tras el gran impacto, dos objetos grandes pero desiguales se unieron, dando a un lado de la Luna una corteza más gruesa que la otra. Las erupciones volcánicas que formaron los mares rara vez fueron tan potentes como para romper este lado más espeso. Sin embargo, sí estallaron en la parte más fina.

97 Tsunamis

LA PALABRA TSUNAMI SIGNIFICA «OLA DE PUERTO» EN JAPONÉS, UNA PISTA DE LA NATURALEZA SINIESTRA DE ESTE FENÓMENO. En 2004, el mundo recibió una muestra de lo letal que podía llegar a ser.

Poco después del amanecer del 26 de diciembre de 2004, se desató un terremoto de 9,1 grados en la escala Richter con epicentro en la costa oeste del norte de Sumatra (Indonesia) donde la placa australiana se encuentra con la placa india. Este suceso fue el tercer terremoto más grande jamás registrado, y en el transcurso de unos nueve minutos, una falla de 1 400 km que atravesaba el fondo del mar se elevó, y las rocas continentales de menor densidad de la placa Australiana se desplazaron 40 m, a la vez que la placa India, más densa, se hundía bajo ella. La energía liberada fue el equivalente a 23 000 bombas atómicas de las lanzadas sobre Hiroshima. El movimiento hizo que todo el planeta se tambaleara 1 cm sobre su eje.

LAS OLAS GOLPEAN

Quince minutos después, el sistema de alerta de tsunami establecido para detectar amenazas en Hawái detectó un temblor. Sin embargo, no había nada que hacer. Cinco minutos después, la ciudad de Banda Aceh, en Sumatra, fue golpeada por una ola de 30 metros que inundó la mayoría de los edificios y mató a más de 170 000 personas. La ola del maremoto se había extendido en todas las direcciones, y aproximadamente una hora después llegó a la costa de Tailandia y acabó con la vida de muchas personas que pasaban sus vacaciones de invierno en la playa. Al igual que con Banda Aceh, la ola devastó las infraestructuras, y dificultó que el rescate llegase a la costa, y también que el mensaje se extendiese a otros lugares en riesgo por el tsunami.

Dos horas después del terremoto, la costa de Sri Lanka fue afectada. El tsunami se giró alrededor de la costa sur de la isla, y mató a 30 000 personas que vivían en esa área. Casi al mismo tiempo, el este de India y Birmania fueron golpeados, y la ola continuó a través del Índico, extendiéndose y debilitándose a medida que avanzaba. Sin embargo, ocho horas después del terremoto, olas de 10 m azotaron Kenia y Somalia, y acabaron con la vida de 300 personas. En el transcurso del día, el tsunami del Índico de 2004 (el suceso se denomina oficialmente el terremoto de Sumatra-Andaman) mató a 227 989 personas en 14 países.

ALERTAS DE TSUNAMIS

Después del tsunami del Océano Índico, se estableció un sistema de alerta internacional para igualar el que ya está en el Océano Pacífico. Se colocaron sismómetros en el fondo del mar para escuchar los temblores lejos de la tierra. Estos se transmiten a un centro de control y, si es necesario, ahora se dan órdenes de evacuar.

Recreación artística de un tsunami que se acerca a la costa.

UN ASESINO SILENCIOSO

Sin un sistema de advertencia generalizado (ver recuadro de la izquierda), los tsunamis son muy difíciles de atajar. Frecuentemente llamados maremotos (el tsunami, en propiedad, es la ola que llega a tierra causada por el maremoto), no tienen nada que ver con el flujo y reflujo de las mareas. En cambio, hay que entenderlos como olas sísmicas del mar causadas por el desplazamiento de un gran volumen de agua. Además de por los terremotos y las erupciones volcánicas, los tsunamis también pueden originarse por deslizamientos de rocas submarinas, icebergs que se desprenden de glaciares o impactos de meteoritos. El tsunami más alto jamás registrado fue de 524 m de altura. Esta ola monstruosa fue causada por la caída de unas rocas en la bahía de Lituya, una abrupta ensenada en Alaska.

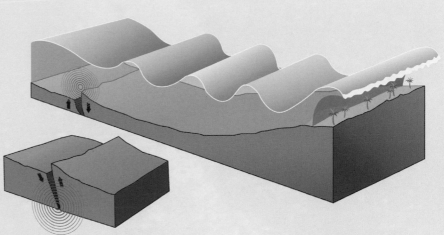

Un desplazamiento en el fondo marino obliga a la columna de agua a moverse, y crea una ola que se mueve en la superficie. A medida que la ola entra en aguas menos profundas, disminuye su velocidad y aumenta su altura hasta que choca contra la tierra firme.

En comparación con las olas oceánicas normales, las olas de los tsunamis tienen longitudes de onda muy largas. La distancia de un pico al siguiente puede ser de hasta 500 km y, por tanto, la altura de las olas apenas se nota por encima del nivel medio del mar. En el mar, un tsunami puede moverse a 800 km/h, y solo cuando alcanza aguas menos profundas y comienza a frenarse por el fondo del mar, la ola comenzará a disminuir su velocidad y a elevarse por encima del nivel del mar. Esta es la raíz del concepto de «ola de puerto». En el mar, los marineros no son conscientes de la ola, pero cerca de la costa es imparable.

Los tsunamis suelen consistir en una serie de olas que llegan con minutos o quizás horas de diferencia. Mueven tanta agua que, al principio, es normal que el agua se retire de la orilla, como si la marea estuviera bajando. Cuando el tsunami llega, unos minutos más tarde, puede aparecer no tanto como una ola que rompe, sino como una marea que se eleva muy rápido a lo largo de la costa. Para desgracia de muchos, avanzará tierra adentro mucho más allá de las marcas de agua alta habituales.

LOS TSUNAMIS EN LA CULTURA MUNDIAL

Los tsunamis ocupan un lugar destacado en muchas culturas. En Japón, donde se inventó la palabra y que ha sufrido más terremotos y tsunamis que cualquier otra nación, existe un tipo de relato en el que aparece un peligroso monstruo, el *kaiju*, que emerge del océano y destruye ciudades enteras. En su libro *Cándido* (1759), el escritor francés Voltaire coloca a sus personajes en Lisboa durante el tsunami de 1755, como una sátira de la filosofía del optimismo que tanto se discutía entonces.

98 | Origen del agua de la Tierra

LA TIERRA ES EL ÚNICO PLANETA CONOCIDO DONDE HAY AGUA LÍQUIDA EN SU SUPERFICIE. ¿Por qué tenemos tanta agua y de dónde vino? En 2004, una nave espacial voló al espacio profundo para investigar una posibilidad.

El agua no es una sustancia extraña en el Sistema Solar. Sin embargo, la mayor parte está congelada en forma de hielo. Conocemos muy pocos lugares donde el agua líquida no se ha congelado debido al frío o se ha evaporado debido a la baja presión de gases. Y solo sabemos de un lugar con líquido en su superficie: la Tierra. Es así gracias a que el planeta orbita a la distancia correcta del Sol para que la temperatura en la superficie permanezca, en su mayoría, por encima del punto de congelación y por debajo del punto de ebullición. Sin embargo, esto no siempre fue así. Cuando la Tierra era joven, debió de haber estado mucho más caliente. ¿Hubo siempre un océano en la superficie o alguna vez estuvo completamente seco?

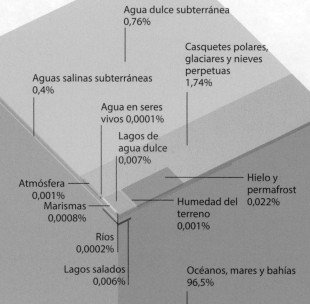

Agua dulce subterránea 0,76%

Casquetes polares, glaciares y nieves perpetuas 1,74%

Aguas salinas subterráneas 0,4%

Agua en seres vivos 0,0001%

Lagos de agua dulce 0,007%

Atmósfera 0,001%

Marismas 0,0008%

Hielo y permafrost 0,022%

Humedad del terreno 0,001%

Ríos 0,0002%

Lagos salados 0,006%

Océanos, mares y bahías 96,5%

Hay agua en todas las partes del sistema de la Tierra. La mayor parte del vapor de agua está en la capa inferior de la atmósfera. Aquí no se muestra agua en el manto de la Tierra, que podría contener más de la que se encuentra en la superficie del planeta.

DE ADENTRO HACIA AFUERA

Cuando se formó la Tierra, el agua –seguramente en forma de hielo– tuvo que haber formado parte de la mezcla inicial de materiales, junto con el dióxido de carbono congelado, el metano y algunos gases como el hidrógeno y el helio. Los fuertes bombardeos de meteoritos, entre los cuales se encuentra el gran impacto que se cree que generó la Luna (ver página 108), vaporizaron las rocas. ¡Así que la atmósfera primitiva de la Tierra estaba hecha de vapores de roca! Y se habrían convertido de nuevo en roca sólida en unos pocos siglos. Sin embargo, eso creó una atmósfera compuesta por los materiales sobrantes, como vapor de agua y dióxido de carbono. Probablemente, los niveles de dióxido de carbono subieron y bajaron muchas veces, pero el vapor de agua fue constantemente «gasificado» desde el interior del planeta. Esto produjo más y más acúmulo de agua en la atmósfera. Hay cristales de circón con más de 4 400

UN OCÉANO SUBTERRÁNEO

La ringwoodita es una forma de silicato de magnesio que se forma a altas presiones y temperaturas, y se encuentra en el manto de la Tierra a unos 600 km bajo la superficie. Los cristales de ringwoodita del manto muestran con claridad que se formaron en el agua. Esto indica que el manto superior podría estar muy húmedo y contener tres veces más agua que la superficie.

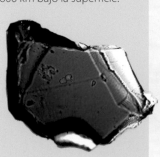

millones de años, por lo que al menos parte de la superficie de la Tierra era sólida en ese momento, y así ha permanecido desde entonces. Sin embargo, muy importante, los circones necesitan agua líquida para formarse. Bajo la fuerte atmósfera de dióxido de carbono de la Tierra primitiva, se cree que ¡el agua se habría mantenido líquida hasta una temperatura de 230° C! En estas condiciones, el vapor de agua atmosférico habría formado las primeras nubes y, por tanto, caído en forma de lluvia, las primeras en la breve historia de la Tierra. El agua se juntó en lo que se convertiría en las cuencas oceánicas, y así ha venido sucediendo desde entonces. Sin embargo, ¿el interior de la Tierra contenía toda el agua que ahora vemos en la superficie? ¿O vino mucha del espacio exterior?

La cola de un cometa como el 67P (arriba) se forma cuando el hielo interior se calienta por el Sol y comienza a dejar un rastro polvoriento de vapor de agua.

¿DE FUERA HACIA DENTRO?

La palabra cometa viene del griego para «cabellera de estrella» en alusión a la cola rayada que se forma alrededor de estos visitantes ocasionales. Sin embargo, un nombre más ajustado sería «bola de nieve sucia», porque los cometas están hechos de hielo mezclado con polvo y sustancias carbonosas. Los cometas provienen de la frontera más lejana del Sistema Solar y son el material sobrante de la formación de los planetas. Quizás el enorme suministro de agua de la Tierra provino de millones de cometas que se estrellaron contra la Tierra en los primeros cientos de millones de años de su existencia. En 2004 se lanzó la nave espacial europea Rosetta para averiguar algo. Diez años después se encontró con el cometa 67P/Churyumov–Gerasimenko, o tan solo 67P, mucho más allá de la órbita de Marte. Se envió un módulo de aterrizaje para aterrizar en la superficie y junto con el orbitador analizó las improntas químicas en el agua (entre muchas otras cosas). El agua, al menos en 67P, no coincidía con la de la Tierra. Quizás, después de todo, nuestros océanos no llegaron del espacio.

EL MAYOR OCÉANO CONOCIDO

El océano conjunto de la Tierra es impresionante, pero ni siquiera es el más grande del Sistema Solar. Europa es la segunda luna más grande de Júpiter. Tiene una superficie compuesta completamente de hielo de agua, en la que hay grietas y volcanes que arrojan aguanieve en lugar de lava. Las fuerzas de marea de Júpiter inclinan y curvan el interior de la luna, lo que la mantiene tan caliente como para que se forme agua líquida bajo la corteza de hielo. El océano oculto de Europa podría tener 100 km de profundidad y contener tres veces más agua que las cuencas oceánicas de la Tierra.

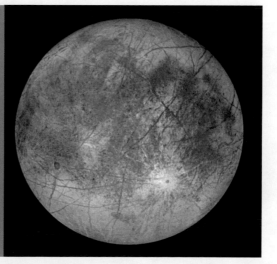

99 | Limpieza de los océanos

EN 1988, LA NOAA AVISTÓ POR PRIMERA VEZ EL CONTINENTE DE PLÁSTICO (O LA ISLA DE BASURA DEL PACÍFICO). Parecía que incluso el océano se había cubierto de residuos plásticos. Treinta años después, se puso en funcionamiento un sistema para limpiarlo.

Desarrollar métodos para limpiar el plástico y otros desechos en el océano es una forma de abordar el problema. Otra es usar menos plástico y asegurarse de su correcta eliminación.

El continente de plástico está formado por desechos que se han arrastrado por el Pacífico durante décadas y quedan atrapados en el giro oceánico del Pacífico Norte, una corriente marina rotativa, donde el agua del océano vira lentamente en bucle. Todos los océanos lo tienen, pero el del Pacífico Norte está especialmente repleto de basura debido al vertido irresponsable de plásticos (principalmente de Asia). La basura se encuentra a medio camino entre Hawái y California, aunque en realidad no se parece a una balsa de plástico que se extiende en todas las direcciones, como cabría esperar. No se puede detectar desde el cielo o el satélite porque las piezas de plástico son muy pequeñas y están muy espaciadas. Sin embargo, los investigadores dicen que cubre 1,6 millones km² y en su centro contiene 100 kg de desechos por kilómetro cuadrado. Eso se traduce en 80 000 toneladas métricas de plástico en 1,8 billones de piezas. No solo contamos con esta isla de basura: se encuentran fragmentos de plástico en todas partes, desde las fosas oceánicas profundas hasta los hielos árticos.

En 2018, Ocean Cleanup, una organización sin ánimo de lucro, lanzó un prototipo para barrer la basura del Pacífico con una barrera flotante. Recogió 2 toneladas de plástico en dos meses de pruebas, que sirvieron para determinar que el sistema necesitaba algunas mejoras. Se planea desplegar 60 sistemas de limpieza de 2 km de largo en el Pacífico.

100 | Ciencias planetarias

HOY, LOS CIENTÍFICOS DE LA TIERRA ESTÁN EN CUALQUIER EQUIPO DE CIENCIA ESPACIAL. Su saber se emplea para diseñar naves espaciales que puedan hacer en otros planetas lo que la geociencia ha hecho con el nuestro: descubrirlo.

EL FUTURO

La próxima gran misión a Marte está ya en marcha. En 2018, el orbitador ExoMars Trace Gas Orbiter comenzó a husmear en la atmósfera marciana en busca de metano. Es posible que este gas lo produzca la vida extraterrestre que viva en las rocas de Marte, como los microbios que comen rocas en la Tierra. El orbitador también probó un sistema de aterrizaje que se utilizará en algún momento de los próximos años cuando se envíe un nuevo vehículo explorador, *Rosalind Franklin* (derecha), a la superficie marciana. Los *rovers* anteriores estaban equipados con pequeños trituradores y raspadores de rocas, pero este llevará un taladro de 2 m para profundizar más que nunca en las rocas del planeta rojo.

En 1960, Eugene Shoemaker demostró que las rocas en el espacio estaban compuestas de la misma materia que se encuentra en la Tierra (ver página 97). Sin embargo, el floreciente campo de la ciencia espacial no necesitaba más estímulos para observar más de cerca nuestras lunas y planetas vecinos. Las primeras misiones interplanetarias consistieron en sobrevuelos que ofrecieron una visión más de cerca durante solo unos minutos. Se vieron los accidentes de la superficie y ayudaron a analizar la química de la atmósfera. En 1971, la ciencia planetaria dio un gran paso con la misión Mariner 9 de la NASA, que entró en órbita alrededor de Marte. El orbitador fue capaz de cartografiar casi todos los accidentes de la superficie del planeta rojo, como por ejemplo el monte Olimpo, un volcán más del doble de alto que el Everest y tan grande que cubriría Arizona, o Valles Marineris, un enorme sistema de cañones de 7 km de profundidad.

Las siguientes fases contaron con módulos de descenso (aterrizadores o *landers*, en inglés). Los primeros intentos de Venus no revelaron mucho (su atmósfera densa y ácida era demasiado hostil para las naves espaciales), pero otras misiones con más éxito han llevado a los aterrizadores hasta asteroides, cometas o a Titán, una luna de Saturno. En cualquier caso, Marte ha sido el foco principal de la ciencia planetaria con varios orbitadores, aterrizadores y vehículos de exploración. Su misión es buscar en las rocas y la atmósfera marcianas señales de agua y de vida. Tal vez los exploradores humanos lo visitarán algún día, y podemos estar seguros de que en el equipo habrá científicos de la Tierra.

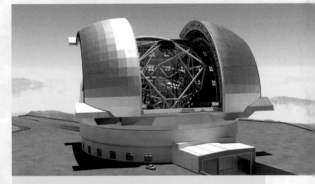

Mars InSight, que aterrizó en Marte en 2018, tiene un sismómetro para detectar «martemotos» y usa un «topo» (arriba) para medir la temperatura del suelo marciano.

VER LOS EXOPLANETAS

Más del 99 % de los planetas que conocemos no están en nuestro Sistema Solar. No podemos ver la mayoría de estos «exoplanetas» ni siquiera con un telescopio, pero esto cambiará con el Telescopio Extremadamente Grande europeo. Construido en Chile, tendrá un espejo de 40 m de diámetro. Sus diseñadores dicen que podrá ver los exoplanetas claramente e incluso detectar las sustancias químicas de sus atmósferas.

101

Geociencia:
conceptos básicos

BIEN... ¿Y QUÉ APORTAN TODOS ESTOS DESCUBRIMIENTOS? La geociencia nos ayuda a sumergirnos en la superficie de nuestro planeta, y a conocer desde la atmósfera hasta la frontera espacial. Para los exploradores de salón, aquí va una ronda de conceptos básicos.

CÓMO SE FORMAN LAS ROCAS

Ígneas Se forman cuando el magma –una mezcla líquida y caliente de rocas–, se enfría y se convierte en cristales sólidos. Existe en lo profundo de la Tierra. Si estalla en la superficie, lo llamamos lava. La composición mineral de una roca ígnea depende de las sustancias químicas del magma. Los compuestos ricos en silicio son los más comunes. Forman rocas de color claro. Las rocas más oscuras contienen hierro, aluminio y otros metales.

Sedimentarias Si bien las rocas ígneas son más comunes en la corteza profunda, cerca del 80 % de las que se ven en la superficie son sedimentarias. Se forman a partir de clastos, o fragmentos de materiales, como granos de roca, minerales y sustancias químicas que precipitan en capas. Comprimidos durante millones de años, los clastos se consolidan. Las sedimentarias son más blandas que las ígneas porque los granos están unidos químicamente.

Metamórficas La temperatura o la presión extrema pueden transformar la naturaleza física y química de los minerales, lo que provoca el cambio de la roca en una nueva forma: una roca metamórfica. Cualquier roca puede sufrir una metamorfosis: las ígneas, las sedimentarias e incluso las propias rocas metamórficas. Por lo general, el proceso de transformación es tan intenso que es difícil identificar cuál era la roca original.

Formación de rocas Una roca es una colección de otras sustancias, llamadas minerales, y los minerales son compuestos sólidos naturales. Hay alrededor de 3 000 tipos de minerales, por ejemplo gemas como las esmeraldas y los diamantes, además de sustancias químicas tan útiles como el talco, el asbesto o el yeso. Sin embargo, la gran mayoría de las rocas están hechas de un puñado de minerales, en su mayoría compuestos de silicio y oxígeno. Mientras que algunos minerales –como los óxidos metálicos y los carbonatos de calcio– se forman en la superficie de la Tierra, los silicatos son sustancias primordiales que estuvieron cuando se creó la Tierra. Son el componente principal del magma que se mueve en las profundidades de la Tierra. El magma se enfría y forma rocas ígneas. Si se origina en la superficie, normalmente en el fondo del océano, la roca ígnea suele ser un basalto, mientras que las rocas ígneas formadas bajo tierra suelen ser granito: el 70 % de la roca continental es granito. Estas y otras rocas ígneas forman los materiales originales para todos los demás tipos de rocas, que se crean a través del ciclo de las rocas (o litológico), como se muestra a continuación.

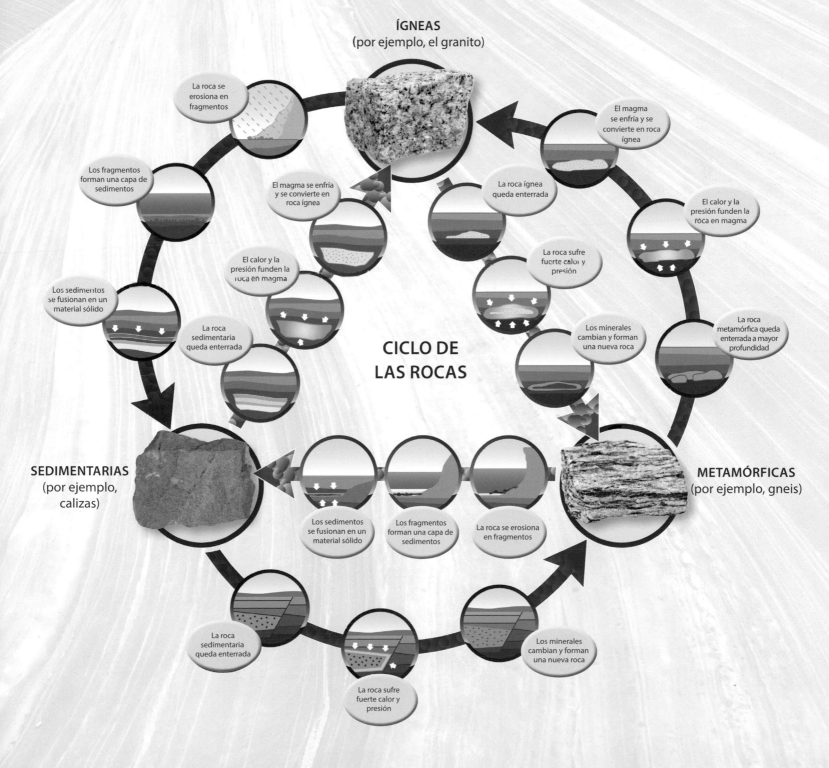

ÍGNEAS
(por ejemplo, el granito)

La roca se erosiona en fragmentos

El magma se enfría y se convierte en roca ígnea

Los fragmentos forman una capa de sedimentos

El magma se enfría y se convierte en roca ígnea

La roca ígnea queda enterrada

El calor y la presión funden la roca en magma

Los sedimentos se fusionan en un material sólido

El calor y la presión funden la roca en magma

La roca sufre fuerte calor y presión

La roca sedimentaria queda enterrada

La roca metamórfica queda enterrada a mayor profundidad

CICLO DE LAS ROCAS

Los minerales cambian y forman una nueva roca

SEDIMENTARIAS
(por ejemplo, calizas)

Los sedimentos se fusionan en un material sólido

Los fragmentos forman una capa de sedimentos

La roca se erosiona en fragmentos

METAMÓRFICAS
(por ejemplo, gneis)

La roca sedimentaria queda enterrada

Los minerales cambian y forman una nueva roca

La roca sufre fuerte calor y presión

LA ESCALA GEOLÓGICA

La edad de la Tierra se observa mejor con la escala de tiempo geológico. Divide la historia natural de la Tierra en una serie de períodos de tiempo, que son, de mayor a menor: eón, era, periodo, época y edad, todos los cuales se miden en períodos de millones de años. Las divisiones representan un cambio global en el registro de fósiles o rocas, y cada periodo de tiempo permite a los geólogos identificar rocas de la misma edad situadas por todo el mundo, y así comenzar un relato de la historia del planeta. Las tres columnas de esta escala de tiempo muestran solo el eón Fanerozoico, que cubre el tiempo desde que apareció la vida compleja hace unos 540 millones de años. La mayoría de las rocas que vemos a nuestro alrededor pertenecen a esta época. Sin embargo, solo contiene poco más de una décima parte de la historia mundial de 4 500 millones de años.

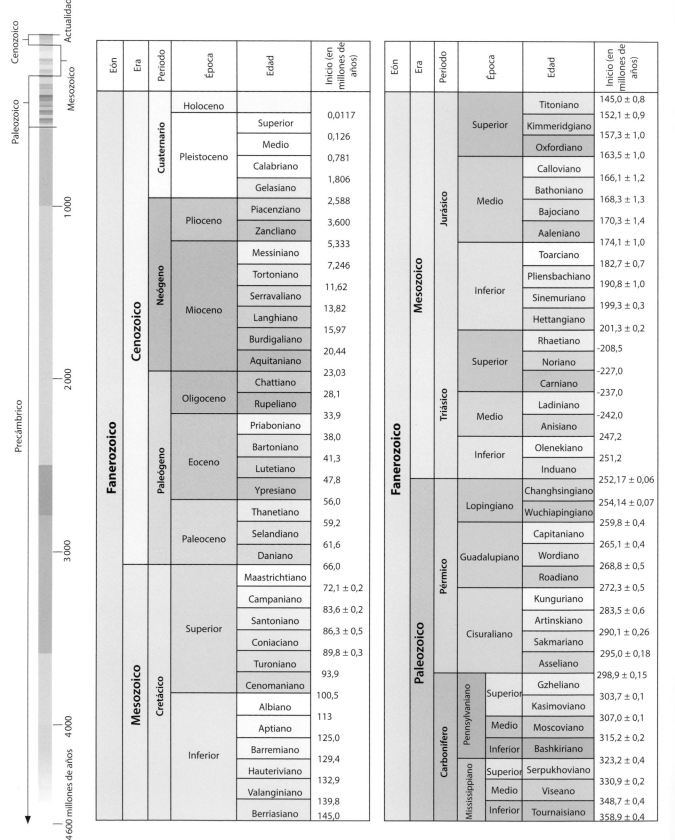

Eón	Era	Periodo	Época	Edad	Inicio (en millones de años)
Fanerozoico	Cenozoico	Cuaternario	Holoceno		
					0,0117
			Pleistoceno	Superior	
					0,126
				Medio	
					0,781
				Calabriano	
					1,806
				Gelasiano	
					2,588
		Neógeno	Plioceno	Piacenziano	
					3,600
				Zancliano	
					5,333
			Mioceno	Messiniano	
					7,246
				Tortoniano	
					11,62
				Serravaliano	
					13,82
				Langhiano	
					15,97
				Burdigaliano	
					20,44
				Aquitaniano	
					23,03
		Paleógeno	Oligoceno	Chattiano	
					28,1
				Rupeliano	
					33,9
			Eoceno	Priaboniano	
					38,0
				Bartoniano	
					41,3
				Lutetiano	
					47,8
				Ypresiano	
					56,0
			Paleoceno	Thanetiano	
					59,2
				Selandiano	
					61,6
				Daniano	
					66,0
	Mesozoico	Cretácico	Superior	Maastrichtiano	
					72,1 ± 0,2
				Campaniano	
					83,6 ± 0,2
				Santoniano	
					86,3 ± 0,5
				Coniaciano	
					89,8 ± 0,3
				Turoniano	
					93,9
				Cenomaniano	
					100,5
			Inferior	Albiano	
					113
				Aptiano	
					125,0
				Barremiano	
					129,4
				Hauteriviano	
					132,9
				Valanginiano	
					139,8
				Berriasiano	
					145,0

Eón	Era	Periodo	Época	Edad	Inicio (en millones de años)
Fanerozoico	Mesozoico	Jurásico	Superior	Titoniano	145,0 ± 0,8
				Kimmeridgiano	152,1 ± 0,9
				Oxfordiano	157,3 ± 1,0
					163,5 ± 1,0
			Medio	Calloviano	
					166,1 ± 1,2
				Bathoniano	
					168,3 ± 1,3
				Bajociano	
					170,3 ± 1,4
				Aaleniano	
					174,1 ± 1,0
			Inferior	Toarciano	
					182,7 ± 0,7
				Pliensbachiano	
					190,8 ± 1,0
				Sinemuriano	
					199,3 ± 0,3
				Hettangiano	
					201,3 ± 0,2
		Triásico	Superior	Rhaetiano	
					-208,5
				Noriano	
					-227,0
				Carniano	
					-237,0
			Medio	Ladiniano	
					-242,0
				Anisiano	
					247,2
			Inferior	Olenekiano	
					251,2
				Induano	
					252,17 ± 0,06
	Paleozoico	Pérmico	Lopingiano	Changhsingiano	
					254,14 ± 0,07
				Wuchiapingiano	
					259,8 ± 0,4
			Guadalupiano	Capitaniano	
					265,1 ± 0,4
				Wordiano	
					268,8 ± 0,5
				Roadiano	
					272,3 ± 0,5
			Cisuraliano	Kunguriano	
					283,5 ± 0,6
				Artinskiano	
					290,1 ± 0,26
				Sakmariano	
					295,0 ± 0,18
				Asseliano	
					298,9 ± 0,15
		Carbonífero	Pennsylvaniano Superior	Gzheliano	
					303,7 ± 0,1
				Kasimoviano	
					307,0 ± 0,1
			Pennsylvaniano Medio	Moscoviano	
					315,2 ± 0,2
			Pennsylvaniano Inferior	Bashkiriano	
					323,2 ± 0,4
			Mississippiano Superior	Serpukhoviano	
					330,9 ± 0,2
			Mississippiano Medio	Viseano	
					348,7 ± 0,4
			Mississippiano Inferior	Tournaisiano	
					358,9 ± 0,4

Deriva continental Las rocas de una misma composición y edad están diseminadas por todo el mundo. Esto demuestra que, aunque se formasen en el mismo lugar, se han dividido y distribuido por todo el planeta. Los geólogos han trazado esta distribución para construir una imagen de cómo los continentes se han movido y cambiado de forma. A continuación, podemos ver la deriva continental de los últimos 380 millones de años, comenzando en el momento en que los primeros tetrápodos vertebrados salieron del océano, listos para la vida en tierra.

Eón	Era	Periodo	Época	Edad	Inicio (en millones de años)
Fanerozoico	Paleozoico	Devónico	Superior	Famenniano	358,9 ± 0,4
				Frasniano	372,2 ± 1,8
			Medio	Givetiano	382,7 ± 1,6
				Eifeliano	387,7 ± 0,8
			Inferior	Emsiano	393,3 ± 1,2
				Pragiano	407,6 ± 2,6
				Lochkoviano	410,8 ± 2,8
		Silúrico	Pridoliano		419,2 ± 3,2
			Ludloviano	Ludfordiano	423,0 ± 2,3
				Gorstiano	425,6 ± 0,9
			Wenlockiano	Homeriano	427,4 ± 0,5
				Sheinwoodiano	430,5 ± 0,7
			Llandoveriano	Telychiano	433,4 ± 0,8
				Aeroniano	438,5 ± 1,1
				Rhuddaniano	440,8 ± 1,2
		Ordovícico	Alto	Hirnantiano	443,4 ± 1,5
				Katiano	445,2 ± 1,4
				Sandbiano	453,0 ± 0,7
			Medio	Darriwiliano	458,4 ± 0,9
				Dapingiano	467,3 ± 1,1
			Bajo	Floiano	470,0 ± 1,4
				Tremadociano	477,7 ± 1,4
		Cámbrico	Furongiano	Piso 10	485,4 ± 1,9
				Jiangshaniano	489,5
				Paibiano	494,0
			Miaolingiano	Guzhangiano	497,0
				Drumiano	500,5
				Wuliuano	504,5
			Serie 2	Piso 4	509,0
				Piso 3	514,0
			Terreneuviano	Piso 2	521,0
				Fortuniano	529,0
					541,0 ± 1,0

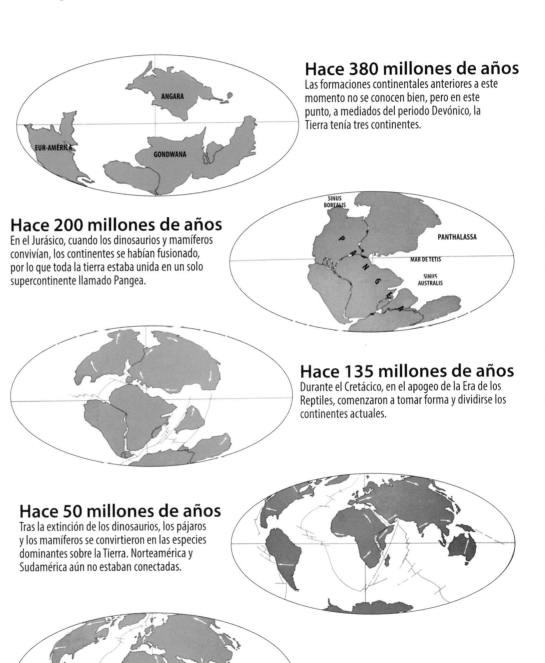

Hace 380 millones de años
Las formaciones continentales anteriores a este momento no se conocen bien, pero en este punto, a mediados del periodo Devónico, la Tierra tenía tres continentes.

Hace 200 millones de años
En el Jurásico, cuando los dinosaurios y mamíferos convivían, los continentes se habían fusionado, por lo que toda la tierra estaba unida en un solo supercontinente llamado Pangea.

Hace 135 millones de años
Durante el Cretácico, en el apogeo de la Era de los Reptiles, comenzaron a tomar forma y dividirse los continentes actuales.

Hace 50 millones de años
Tras la extinción de los dinosaurios, los pájaros y los mamíferos se convirtieron en las especies dominantes sobre la Tierra. Norteamérica y Sudamérica aún no estaban conectadas.

Hoy Aunque la deriva continental continúa, la geografía actual tardó unos 8 millones de años en conformarse, un tiempo en el que nuestros ancestros simios empezaron a vivir en las praderas más allá de los bosques.

TEST DE IDENTIDAD DE LAS ROCAS

Algunas rocas, como la arenisca y el granito, se identifican a primera vista, pero saber el quién es quién de la mayoría de las rocas requiere un poco más de trabajo detectivesco. Aquí tenemos una guía para resolverlo. Necesitaremos una lupa, un clavo de acero y un azulejo de vidrio (que se pueda rayar).

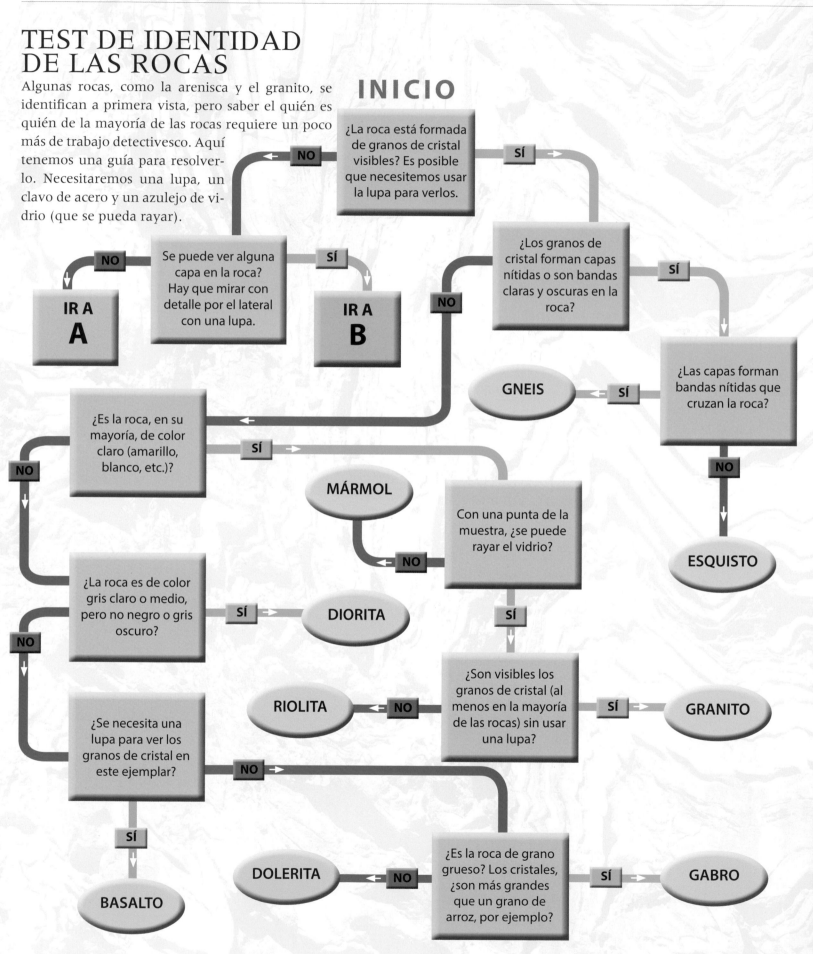

INICIO

¿La roca está formada de granos de cristal visibles? Es posible que necesitemos usar la lupa para verlos.

NO → Se puede ver alguna capa en la roca? Hay que mirar con detalle por el lateral con una lupa.

NO → IR A **A**

SÍ → IR A **B**

SÍ → ¿Los granos de cristal forman capas nítidas o son bandas claras y oscuras en la roca?

NO → ¿Es la roca, en su mayoría, de color claro (amarillo, blanco, etc.)?

SÍ → ¿Las capas forman bandas nítidas que cruzan la roca?

SÍ → GNEIS

NO → ESQUISTO

SÍ → MÁRMOL

Con una punta de la muestra, ¿se puede rayar el vidrio?

NO → (a MÁRMOL)

NO → ¿La roca es de color gris claro o medio, pero no negro o gris oscuro?

SÍ → DIORITA

SÍ → ¿Son visibles los granos de cristal (al menos en la mayoría de las rocas) sin usar una lupa?

NO → RIOLITA

SÍ → GRANITO

NO → ¿Se necesita una lupa para ver los granos de cristal en este ejemplar?

SÍ → BASALTO

NO → ¿Es la roca de grano grueso? Los cristales, ¿son más grandes que un grano de arroz, por ejemplo?

NO → DOLERITA

SÍ → GABRO

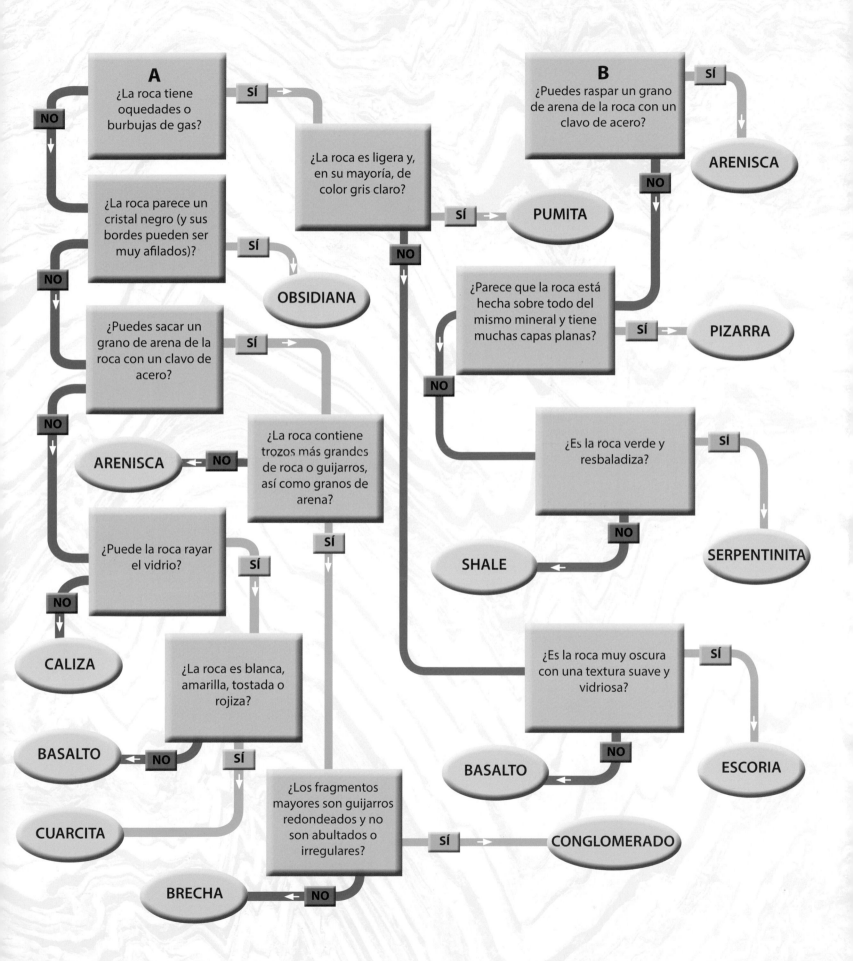

EL TIEMPO

En comparación con las atmósferas de otros planetas, la de la Tierra representa dos extremos. Es la más estable, ya que su temperatura se mantiene siempre dentro de un rango que no varía mucho más de 100° C del punto más cálido al más frío, y la temperatura de la mayoría de la superficie oscila mucho menos que eso. Además, la atmósfera de la Tierra también es –hasta donde sabemos– la más cambiante. Los vientos y las tormentas en otros planetas pueden ser mucho más severos y de mayor escala, siempre están ahí y se intercalan periodos de calma. No es así en la Tierra, donde la atmósfera está en constante cambio, con una gran variedad de condiciones distintas de un lugar a otro. Llamamos a este estado en constante cambio «el tiempo», y conocerlo es de gran utilidad en la agricultura, el transporte marítimo, los viajes aéreos y, en general, en la vida cotidiana.

Cubiertos por la nubes Desde el inicio de los tiempos, los humanos han intentado predecir los cambios meteorológicos, y las nubes eran una de las señales más claras. La formación de nubes se asocia con la llegada de ciertos sistemas meteorológicos. ¡La señal más segura es que si las nubes grises cubren todo el cielo, es probable que llueva pronto! Como ilustra este comentario jocoso, la lectura de las nubes solo es de fiar cuando la lluvia, prácticamente, ha caído, y por lo tanto, el poder predictivo desaparece. En lugar de descifrar las nubes, los meteorólogos han desarrollado tecnologías (redes de observación, sistemas de radar y, más tarde, satélites meteorológicos) para descubrir dónde están las nubes y hacia dónde van. Esta información, junto con otros datos sobre las temperaturas y presiones del aire, se utiliza para crear el pronóstico de dónde irán las nubes y el tiempo que traen.

Las formaciones de nubes son siempre hermosos fenómenos naturales. Vale la pena echarles un vistazo, a pesar de que no siempre son una fuente segura para pronosticar el tiempo.

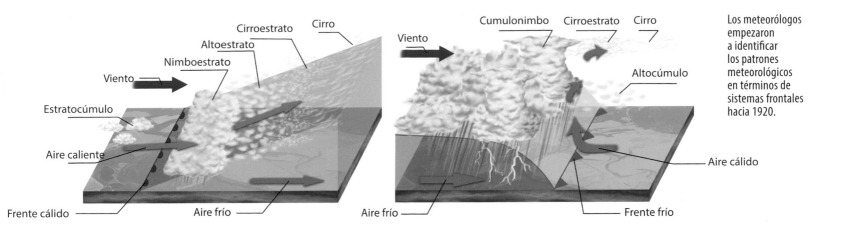

Frentes meteorológicos

Los cambios de tiempo se asocian con el paso de un frente meteorológico, que es el límite de una masa de aire. Un frente cálido tiene una masa de aire más cálido que se eleva sobre una masa de aire frío, y lo aleja. Al frente cálido lo precede una capa de nubes que va creciendo, que incluso puede ser niebla, y luego llega una pequeña lluvia desde las nubes bajas. Al frente cálido le sigue un tiempo tranquilo y soleado. Un frente frío se abre paso bajo una masa de aire estacionaria. Detrás del frente hay nubes altas que generan fuertes y persistentes lluvias, y quizá truenos y relámpagos. Si la corriente ascendente tiene fuerza, la lluvia se desplazará hacia arriba y formará granizo. Si las gotas de lluvia caen a través del aire frío, se formarán copos de nieve.

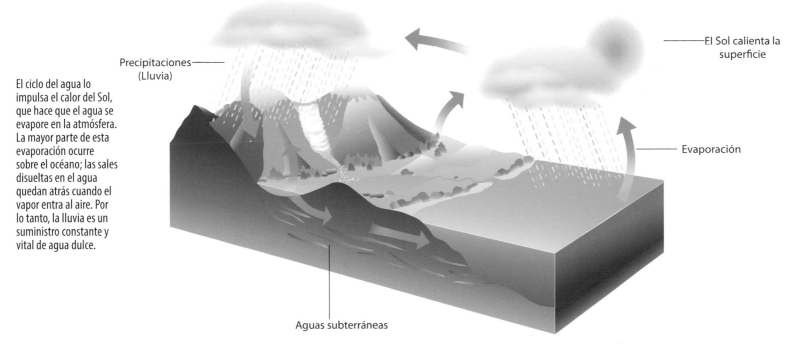

El ciclo del agua lo impulsa el calor del Sol, que hace que el agua se evapore en la atmósfera. La mayor parte de esta evaporación ocurre sobre el océano; las sales disueltas en el agua quedan atrás cuando el vapor entra al aire. Por lo tanto, la lluvia es un suministro constante y vital de agua dulce.

El ciclo del agua

La Tierra es un planeta acuático, y la conversión de agua en hielo y en vapor, y viceversa, es un proceso omnipresente y vital para nuestra comprensión de las ciencias de la Tierra. Además de constituir el océano, sobre el 1 % de la atmósfera es vapor de agua –aunque puede variar mucho– y, cada vez más, los geólogos sospechan que hay una gran reserva de agua en la corteza y en el manto de la Tierra. La fluidez y la química del magma dependen de su contenido de agua y, a su vez, es algo que afecta las rocas que formará. En la superficie, el agua de los ríos, los glaciares y las capas de hielo trabajan para moler la roca sólida, que es una fase crucial del ciclo litológico. Y, por supuesto, nuestros sistemas meteorológicos son impulsados, al menos en parte, por el ciclo constante del agua de los océanos y de la tierra hasta la atmósfera, que luego forma las nubes y vuelve a la superficie en forma de lluvia.

ZONAS CLIMÁTICAS

Es posible organizar la tierra emergida en regiones a gran escala que comparten un clima similar, como lugares con la misma precipitación media y cambios estacionales de temperatura similares, por ejemplo. Una vez hecho esto, queda claro que regiones muy distanciadas comparten las mismas características climáticas. Un ejemplo obvio es el desierto: cualquier región que recibe menos de 25 cm de lluvia al año. El clima crea un conjunto común de hábitats para que la naturaleza los explote. Así que, en términos generales, una planta que puede sobrevivir en un desierto australiano tendrá los medios para hacerlo en otro desierto. Otras regiones climáticas son prácticamente sinónimos de la naturaleza que cobijan (como muestra la ilustración), y por eso se conocen como pastizales o bosques. El registro fósil de este tipo de hábitats, junto con las consecuencias físicas y químicas del agua (o la falta de ella), puede mostrarnos en qué zona climática se formó una roca en el pasado.

Nieves perpetuas Los vientos extremadamente fríos y fuertes en lo alto de una montaña ofrecen un hábitat de tipo polar, con nieve y hielo cubriendo el suelo durante todo el año.

Límite del bosque En las laderas superiores de una montaña hace demasiado frío y viento como para que crezcan los árboles; un prado alpino en forma de tundra crece durante el verano.

Bosque alpino El aire pierde densidad con la altitud y, por lo tanto, retiene menos calor. Los hábitats altos comparten un clima similar al de los bosques del norte, por lo que las coníferas son árboles de montaña muy presentes.

Monte Las estribaciones de una montaña tienen suelos menos profundos y el agua fluye más rápido que en las tierras bajas. Como resultado, los bosques que crecen en estas áreas suelen tener árboles pequeños.

Bosque tropical Es el más fértil de todos los hábitats del mundo. Estas selvas crecen en regiones ecuatoriales donde cae mucha lluvia –puede que 40 veces más que en un desierto– y hay mucha luz solar durante todo el año.

Sabana Recibe suficiente lluvia, por lo general en una estación húmeda, para evitar que sea un desierto. Este hábitat tiene pastos altos y rodales de árboles algo más pequeños. También recibe el nombre de pastizal tropical.

Desierto Dado que los desiertos reciben solo 25 cm de lluvia al año, la naturaleza del desierto debe encontrar y retener agua para sobrevivir. Si bien solemos pensar que los desiertos son muy cálidos, también se dan en lugares muy fríos.

Semidesértica Este hábitat árido recibe el doble de lluvia anual que un desierto (50 cm), lo que lo sitúa a medio camino entre la sabana y el desierto.

Matorral También llamado páramo o chaparral, este hábitat tiene pequeñas plantas leñosas mezcladas con hierbas y pastos. Este tipo de vegetación crece en hábitats secos que suelen ser asolados por incendios.

Biomas Las zonas climáticas están asociadas con el concepto de biorregiones o biomas. El mapa de la derecha divide el mundo en 10 biomas, cada uno con un conjunto distintivo de hábitats. El mayor es el bioma oceánico, que se caracteriza por el agua, pero los otros nueve se definen por sus climas. El clima puede verse afectado por una circunstancia local, como que una región lejos del mar sea más árida que una costera, o que una región elevada sea más fría que otra próxima al nivel del mar. Sin embargo, un factor más universal es la proximidad al ecuador, más cálido que en las proximidades de los polos.

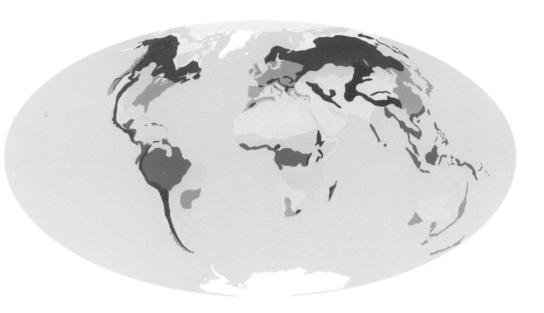

Bosque templado	Desierto
Taiga	Montaña
Pradera	Tundra
Matorral	Oceánico
Bosque tropical	Polar

Polar Las regiones polares están cubiertas de hielo porque la temperatura rara vez pasa de 0º C. Con toda el agua líquida congelada, los biomas polares son los lugares más secos del planeta. Sumado a su baja temperatura, hace de ellos los biomas más vacíos.

Tundra Este bioma rodea las regiones polares y se limita, en gran medida, al hemisferio norte. Las frías temperaturas invernales aseguran que el suelo quede siempre congelado, por lo que ningún árbol puede echar raíces. Por tanto, solo las plantas pequeñas de crecimiento rápido, como el pasto, sobreviven aquí, aprovechando el corto verano para crecer y producir las semillas para el año siguiente.

Pastizales templados

Los bosques necesitan grandes cantidades de agua, por lo que las regiones templadas que reciben menos lluvia dan cobijo a pastizales sin árboles, también llamados praderas, estepas o pampas.

Bosques templados

En regiones con altas precipitaciones, cambios estacionales y una temporada de crecimiento más larga en primavera y verano. Se caen las hojas en otoño para reducir el daño de las heladas de invierno.

Bosque mixto

A medida que aumenta la temperatura media, el verano se vuelve tan largo como para que crezcan árboles de hoja caduca entre las coníferas. Los bosques mixtos también crecen en zonas templadas con poca lluvia.

Bosque boreal

Este bosque (la taiga) crece donde los veranos son demasiado cortos como para que vuelvan a brotar las hojas. Dominan las coníferas de hoja perenne, cuyas agujas pequeñas y cerosas pueden resistir el invierno helado.

¿Han alterado los humanos la geología terrestre?

Las rocas se siguen formando en la superficie de la Tierra a partir de sedimentos, igual que siempre. Esa es la primera regla de geología, ¿verdad? Pero algo ha cambiado. Los fragmentos de materia que alimentan el ciclo de las rocas ya no son simples minerales formadores de rocas reciclados de otras rocas o procesos naturales. En cambio, incluyen materiales hechos por humanos que se mezclan con ellos, como fragmentos microscópicos de plásticos, aceites refinados y metales radioactivos hechos dentro de reactores nucleares, o a partir de bombas. En un millón de años, todo esto formará parte de rocas nuevas, que nunca antes se habrían visto.

Estas rocas «antinaturales» (¿son realmente antinaturales?) no representan un peligro concreto para el futuro del planeta. Después de todo, el planeta persistirá en gran medida sin verse afectado

La tala de bosques cambiará los sedimentos que luego formen las futuras rocas de la Tierra.

por las actividades humanas. Y unos pocos miles de años de inusuales estratos rocosos no harán mucho entre los inimaginables espacios del tiempo geológico.

Sin embargo, ¿deberían los geólogos prestarles más atención? Cuando los geólogos ven un cambio global en la escala de tiempo geológico, lo utilizan como el límite de una nueva época, o incluso un nuevo período. La pregunta es: ¿hemos transformado los humanos la química de la atmósfera y de los océanos, y hemos alterado tanto la diversidad de la vida en la Tierra, que hemos creado un cambio de época? La época actual se llama Holoceno, que comenzó hace unos 12 000 años, al final de la última glaciación. Toda la historia humana registrada ha ocurrido en esta última época geológica. Ahora hay una escuela de pensamiento que dice que hemos entrado en una nueva época, y ya tiene un nombre: Antropoceno. Ese nombre significa algo así como «la edad de los humanos».

El jurado geológico aún no sabe si volver a dibujar la escala de tiempo geológico e incluir el Antropoceno. La lógica subyacente es fuerte: la actividad humana ha alterado la Tierra lo suficiente

La arenisca formada a partir de esta playa también contendría los restos de plásticos.

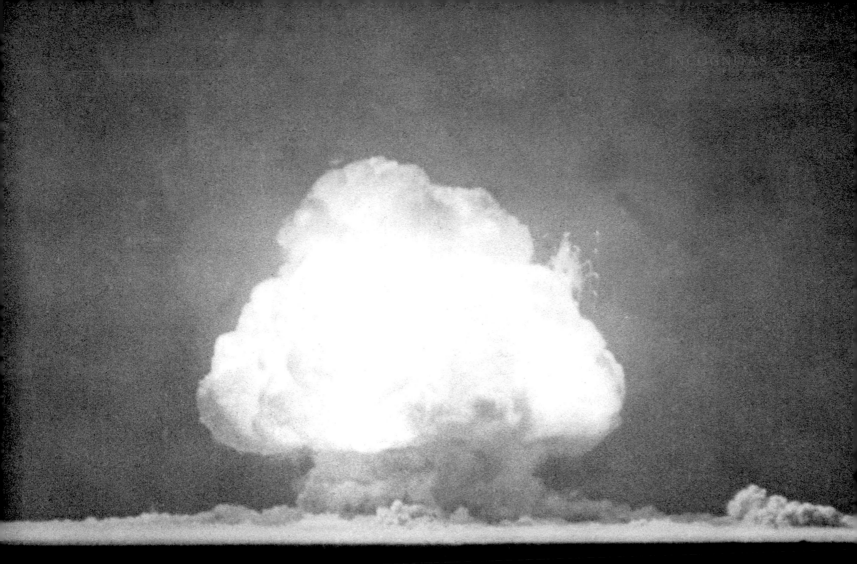

Desde la Segunda Guerra Mundial, los sedimentos contienen pequeños trazos de sustancias químicas radiactivas artificiales que no se podían encontrar antes.

como para dejar una marca en su futura geología. Sin embargo, ¿la geología necesita tenerlo en cuenta ya? Si lo hace, seguramente sería una señal para el mundo del impacto de la humanidad en el planeta, y no una herramienta útil para la geología en sí misma.

La decisión ha sido diferida por los comités internacionales responsables de este tipo de asuntos (la Comisión Internacional de Estratigrafía y la Unión Internacional de Ciencias Geológicas). Un punto problemático es cuándo debe comenzar el Antropoceno. ¿La aparición de la cerámica? Eso ya es anterior al Holoceno, así que no vale. ¿El siglo XIX, cuando las minas de carbón y las refinerías de metales comenzaron a dejar su huella en los sedimentos? Si bien esta actividad tiene un gran impacto en los suelos locales, no está lo suficientemente extendida como para constituir un cambio global. La opción con más posibilidades para el inicio del Antropoceno es el 16 de julio

de 1945. Este fue el día del test Trinity, en Nuevo México. Esta prueba de una bomba fue la primera explosión nuclear en la historia, y dejó una huella radiactiva en sedimentos en todo el mundo. Las armas nucleares lo cambiaron todo.

A final, los aceros volverán a oxidarse en minerales de óxido natural.

¿Puede ayudarnos la geoingeniería a controlar el clima?

El dióxido de carbono y otros gases de efecto invernadero que se suman a la atmósfera reducen la cantidad de calor que la Tierra irradia al espacio. Esto es energía térmica extra que se acumula en la atmósfera y en los océanos. ¿Qué sigue? Es probable que esta mayor calidez provoque un clima más extremo, y que provoque que la tormenta media sea más violenta y que las sequías duren más. Además, el nivel del mar subirá; en parte porque el agua del océano se expandirá muy ligeramente según se caliente, lo que llevará un aumento general en el volumen de los océanos. Y, en mayor medida, el nivel del mar podría aumentar porque se sumará agua al océano según se derritan las capas de hielo de agua dulce en el Ártico (a modo de ilustración, si todo el hielo que cubre la Antártida se derritiera, los mares se elevarían 60 m, aunque nadie afirma que esto pueda suceder a corto plazo).

¿Sería posible diseñar un clima mejor? Probablemente, el primer paso es reducir las emisiones de carbono mediante el uso de energía que no provenga de la quema de combustibles fósiles.

Otra forma podría ser reducir la luz solar que golpea la Tierra. Podrían desplegarse grandes espejos en el espacio para reflejar la luz. Del mismo modo, unos aviones podrían esparcir polvos finos en el cielo para bloquear la luz. Otra posibilidad es aspirar el dióxido de carbono no deseado del aire. El gas podría extraerse mediante productos químicos, bombearse bajo tierra o convertirse en materiales menos dañinos (incluso útiles). Una idea final es usar la «bomba de carbono» del océano, que es el proceso mediante el cual la vida convierte el dióxido de carbono disuelto en el agua en objetos sólidos, como las conchas. Añadir fertilizantes ricos en hierro a los océanos aumentaría las algas oceánicas. Los moluscos comen algas, por lo que, a su vez, su población crecería en número, cada uno con su concha gruesa y rica en carbono, que acabaría por hundirse en el fondo marino. De esta manera, la cantidad de dióxido de carbono en el aire y el agua disminuye gradualmente. Cualquiera que sea el camino que tome, la ingeniería climática sería el proyecto más grande de la historia humana.

¿Podemos diseñar una manera de revertir la reducción de los casquetes polares?

Cada erupción volcánica y cada terremoto desequilibra un poco la Tierra.

¿Por qué oscila la Tierra?

El eje de la Tierra ejecuta un círculo en el espacio cada 26 000 años. Eso significa que el polo norte no siempre ha apuntado a la misma parte del cielo. Este fenómeno, conocido como precesión, se conoce desde los días de la antigua Grecia. Lo causa la forma en que la gravedad del Sol y la Luna tiran de un lado de la Tierra un poco más que del otro. Cuando sum_an los efectos gravitatorios de Marte, Venus y todos los demás, el bamboleo pasa a ser un movimiento aún más complejo, llamado nutación, que nuestro planeta traza a través del espacio.

Sin embargo, existe otra fuente de oscilación llamada movimiento polar. En parte lo descubrió el estadounidense Seth Chandler en 1891, y se llama el bamboleo de Chandler en su honor. Hay fuerzas similares que cambian la ubicación del eje de la Tierra, por lo que el punto en la superficie alrededor del cual gira la Tierra varía un poco todos los días. Los polos norte y sur están en movimiento, girando sobre los puntos designados oficialmente 90° Norte y 90° Sur y cambiando unos 20 m cada 18 meses, más o menos. Esto implica un cambio pequeño, pero significativo, en las mediciones precisas de latitud que deben tenerse en cuenta para cuestiones como la navegación GPS.

El Observatorio Internacional de Latitud comenzó a vigilar las oscilaciones de la Tierra en 1899 para dar cuenta de estos cambios (el proyecto concluyó en 1982, cuando la observación satelital se hizo cargo). Sin embargo, las causas del movimiento polar son bastante difíciles de precisar. Se cree que algunas se deben al desplazamiento de enormes glaciares, especialmente la capa de hielo de Groenlandia, que mueve el centro de gravedad del planeta. Es probable que otras oscilaciones sean causadas por el cambio de forma de la Tierra a medida que el magma interior se mueve. En una escala de tiempo de años y décadas, la esfera de la Tierra se abulta, agrieta y ondula como una gigantesca y temblorosa gota de rocío.

¿Quién mató a los megamamíferos?

Después de la desaparición de los dinosaurios hace 66 millones de años, los hábitats de la Tierra perdieron a sus dominadores, y una serie de criaturas compitieron para convertirse en los próximos «jefes». Para empezar, parecía que las serpientes, los lagartos y las aves podían ganar, pero unos 30 millones de años después, los mamíferos eran los ganadores de la apuesta. La Era de los Mamíferos vio perezosos gigantes en Sudamérica, enormes wombats en Australia y rinocerontes y mamuts peludos en toda Eurasia. Sin embargo, hace 100 000 años, el tamaño medio de los mamíferos, de repente, comenzó a reducirse, primero en África y luego en otros lugares. Hoy el tamaño medio de un mamífero es la mitad de lo que era por entonces. Casi al mismo tiempo, los humanos, incluidos nuestros parientes los neandertales, se extendieron por todo el mundo. ¿Destruimos a los grandes mamíferos terrestres? ¿Difundimos una enfermedad que los mató a todos o los cazamos hasta la extinción? Otras posibles causas fueron los cambios climáticos, como los que condujeron a una glaciación. Los expertos proponen que los problemas causados por los humanos se juntaron en los cambios climáticos, lo que dificulta la supervivencia de las bestias mayores. Es solo una muestra de que los humanos siempre han dejado una marca en el planeta.

Las cosas eran distintas en el pasado. Preguntémosles a este tigre de dientes de sable o al oso de cara corta.

La Tierra… ¿es plana?

Una encuesta estadounidense en 2018 mostró que el 2 % de su población estaba segura de que, en lugar de una esfera, el planeta Tierra era en realidad un disco. El planeta no gira, dicen, y son el Sol y la Luna quienes se mueven en círculo sobre el disco para crear el día y la noche. El borde del disco es una pared de hielo que retiene toda el agua del océano. Hay tantas pruebas en contra de esta idea, la mayoría conocidas durante siglos, que es difícil decidir por dónde comenzar para desacreditarla. Quizás el argumento más sencillo es que la luz viaja en línea recta, por lo que si la Tierra fuera plana, podría ver la luz proveniente de cada punto de la Tierra. Así es, pero las montañas bloquean nuestra visión, es la respuesta de los terraplanistas. En tal caso, donde quiera que esté en la Tierra, se debe poder ver montañas en la distancia, pero no siempre es así. Sin embargo, algunas personas se sienten atraídas por la idea de una Tierra plana. Esto no se debe a la falta de inteligencia (aunque la falta de educación en ciencias de la tierra es un factor). Lo más probable es que los terraplanistas se sientan atraídos por la idea de que pertenecen a un grupo especial que, contra viento y marea, se resiste a una fuerza poderosa que busca decirles qué pensar y qué hacer. Hay partes de esa idea que pueden o no ser ciertas, pero las ciencias son una herramienta para encontrar la verdad.

¿Debería la ciencia fracturar la Tierra para investigar en su interior?

¿Podremos llegar al centro de la Tierra?

Varias naciones tienen planes para enviar a humanos a la Luna, y luego a Marte, lo cual es un viaje de 55 millones de kilómetros, más o menos. Los científicos no están impresionados. El espacio está muy vacío en comparación con la Tierra. Si se dedicara tanta atención –y dinero– a bajar en lugar de subir, ¿a dónde llegaríamos? Como mostraron el proyecto MoHole y otros, viajar por el interior de la Tierra es tan difícil como volar hasta los planetas, tal vez incluso más difícil, al menos para los exploradores humanos. Sin embargo, el profesor David Stevenson, del Instituto de Tecnología de California, ideó una forma de fabricar una sonda operada de forma remota en el núcleo de la Tierra, a un costo menor que el programa Apolo (¡aunque quizás sea un poco más arriesgado!). Su plan es este: hacer una grieta en la corteza terrestre (una bomba nuclear debería servir) y verter 10 millones de toneladas de hierro fundido (cerca de la producción mundial de una semana). El metal caliente hará que la corteza más fría a su alrededor se agriete, permitiendo que el hierro «gotee» cada vez más profundo en la Tierra. Stevenson calcula que habrá suficiente hierro para cortar el manto y llegar al núcleo. Todo lo que se necesita es una sonda que pueda soportar el calor del hierro fundido (y de la Tierra). En lugar de la radio, la sonda podría transmitir los datos que recoge en el camino hacia el interior (necesitará cerca de una semana) en forma de ondas sísmicas que se transmitan a través de las rocas de la Tierra.

¿Existen otros planetas como la Tierra?

Un exoplaneta es un planeta que existe en otro sistema solar, y que orbita una estrella que no es nuestro Sol. Los primeros exoplanetas se descubrieron en la década de 1990, y tras el gran éxito de la misión de observación espacial Kepler de la NASA, se han identificado miles más. De hecho, se estima que la mayoría de las estrellas tienen al menos un planeta, por lo que hay más exoplanetas que estrellas en nuestra galaxia (las opiniones difieren, pero hay muchos miles de millones de estrellas en la Vía Láctea). Cerca de la mitad del 1 % de los exoplanetas descubiertos hasta la fecha parecen compartir características similares a la Tierra: son rocosos y densos, y orbitan en una región de su sistema solar donde hay agua en forma líquida, en lugar de como vapor o hielo, estados mucho más probables en otras partes del Universo. Incluso ese pequeño porcentaje equivale a un mínimo de 500 millones de planetas similares a la Tierra en nuestra galaxia. Con agua líquida y la química atmosférica correcta, estos planetas pueden albergar formas de vida extraterrestres. Sin embargo, se cree que los extraterrestres serán en su mayoría organismos muy simples, similares a nuestras bacterias. Desarrollar una vida compleja requiere otro conjunto de características similares a la Tierra, y para que esa vida se convierta en una civilización espacial como la nuestra, depende de muchos factores entrelazados. Por ejemplo, nuestro Sol es una estrella tranquila que no emite ráfagas de energía que perturbarían la vida, y nuestra Luna es enorme, y probablemente esté en órbita gracias a un tipo de colisión

Se cree que hay millones de planetas rocosos y con agua como la Tierra.

muy poco probable entre dos planetas al principio de la historia de la Tierra. La gravedad de esta gran luna agita el interior de la Tierra, lo que calienta ese interior. Ese calor aumenta el campo magnético creado por el núcleo de hierro. Nuestro fuerte campo magnético evita los molestos rayos cósmicos que, de otro modo, representarían un problema para la vida en la superficie. Además, Júpiter, nuestro gran vecino del espacio profundo, barre muchos de los cometas que de otra manera podrían estrellarse contra la Tierra con alarmante regularidad y causar extinciones, y evitar la larga y lenta evolución de la civilización. Esta es la conclusión de la hipótesis de la Tierra Rara, que indica que si bien la vida podría ser común, una civilización es muy poco probable, y quizás los humanos seamos en verdad lo más inteligente que existe.

No todas las estrellas son como nuestro Sol. La mayoría son pequeñas y más frías, mientras que otras son demasiado brillantes y propensas a estallidos.

EL MUNDO NATURAL

LAS CIENCIAS DE LA TIERRA NOS OFRECEN UNA VISIÓN GENERAL DEL FUNCIONAMIENTO DEL MUNDO. Ahora llega el momento para algunas imágenes impactantes de otro tipo: unos bellos escenarios de nuestro maravilloso planeta.

VOLCÁN El Anak Krakatoa, que significa «el hijo del Krakatoa» surgió en 1927 del cráter que dejó la erupción del Krakatoa en 1883. En 2018, el Anak Krakatoa entró en erupción, y causó un tsunami.

CAÑÓN El río San Juan, en Utah (EE. UU.) ha excavado el Goosenecks, un cañón en forma de meandro de paredes de 300 m, en las que se pueden observar rocas de 300 millones de años.

CUEVA DE NIEVE Túnel formado por una corriente
bajo una capa de nieve profunda en Kamchatka (al este de Rusia).

MANANTIAL VOLCÁNICO Los manantiales termales Mammoth Hot Springs, en el Parque Nacional de Yellowstone (EE. UU.) se alimentan de aguas ricas en minerales que crean depósitos de calcio. Los microbios extremófilos (que pueden sobrevivir en condiciones extremas) que viven en el agua caliente crean un arcoíris de colores.

CADENA MONTAÑOSA El Gran
Cáucaso, en el sur de Rusia, Georgia y Azarbayán, es la morada de los picos más altos de Europa, y forma su frontera sureste con Asia.

DUNAS DE ARENA

Los granos de arena arrastrados por el viento se amontonan en dunas. Los de la imagen superior se encuentran en el Parque Nacional Grandes Dunas de Arena, en Colorado (EE. UU.).

CLASIFICACIÓN DE LOS MINERALES

Se han descrito unos 3 000 minerales hasta hoy. La mayoría no tienen mayor interés que el de la curiosidad, otros son minerales comercialmente valiosos, y unos cuantos –sobre todo los silicatos– forman rocas. Los minerales se organizan siguiendo el sistema de clasificación Nickel-Strunz.

ELEMENTOS

De los 92 elementos que aparecen de forma natural en la Tierra, solo unos pocos lo hacen en su estado natural. Y esos pocos conforman el grupo de los Elementos.

COBRE

En extrañas ocasiones, este metal tan útil se encuentra puro –en pequeñas cantidades– en zonas volcánicas. .

ORO

Este metal no reactivo no forma compuestos minerales sólidos y solo se encuentra puro en pepitas o polvo. También hay ingentes cantidades de oro disuelto en el océano.

AZUFRE

Este mineral se encuentra puro en zonas volcánicas. Cuando se quema, se derrite en un líquido rojo sangre, razón por la que los antiguos creían que era el origen de los fuegos del infierno.

DIAMANTE

Una de las muchas formas de carbón puro. Se crean bajo presiones y temperaturas extremas en el manto terrestre. Solo llegan a la superficie cuando los arrastra el magma.

HALUROS

Estos minerales son compuestos de halógenos, como el cloro, el flúor y el yodo. El más importante es la halita, la forma mineral del cloruro de sodio, más conocida como sal común.

HALITA

Este mineral transparente e incoloro forma cristales cúbicos. Existen depósitos sólidos bajo tierra, en antiguos lechos marinos que se han secado.

SILVINA

Una forma natural del cloruro de potasio, este mineral se encuentra en lugares donde se han evaporado grandes masas de agua.

SILICATOS

Este grupo heterogéneo, basado en unidades de dióxido de silicio dispuestas en diferentes formas, conforma el 90 % de las rocas terrestres. En él están las micas y los feldespatos.

CIRCÓN

Se ha demostrado que las muestras de este mineral de silicato que contiene circonio son los objetos más antiguos (que se conozca) sobre la Tierra. Los circones australianos tienen 4400 millones de años.

TALCO

Es el mineral más blando. Es una forma de silicato de magnesio. El polvo de talco está compuesto de pequeñísimos granos de este mineral, mezclados con almidón de maíz.

ESMERALDA

Es una de las piedras preciosas, junto con el diamante, el rubí, el zafiro y la amatista. Este mineral es una forma del berilio (silicato de berilio) que se vuelve verde por las impurezas del cromo.

ORTOCLASA

Uno de los feldespatos (en alemán significa «roca de campo») más frecuentes, una familia muy común de minerales que forman rocas. Los ejemplares semipreciosos se llaman piedras de luna.

CARBONATOS Y NITRATOS

Formado por compuestos con iones de carbono y oxígeno (menos habitual) de nitrógeno y oxígeno. En esta clase encontramos la calcita y los minerales parecidos a la tiza de las calizas. El salitre, un mineral de nitrato, es un ingrediente en la pólvora..

CALCITA

Un mineral pálido, célebre por sus propiedades ópticas. Por ejemplo, la birrefringencia: la luz que brilla a través del cristal se divide en dos.

MALAQUITA

Aunque este mineral de carbonato de cobre se puede utilizar como mineral de cobre, su uso principal es con fines ornamentales.

SULFATOS

Esta clase está formada por compuestos que contienen iones de sulfuro. Por lo general, ese ion está unido a un metal. Varios miembros de esta clase son minerales importantes. Otro miembro es la pirita, un mineral de sulfuro al que también se le conoce como el «oro de los tontos».

GALENA

Es una forma natural de sulfuro de plomo. Fuente importante de plomo y también puede contener cantidades significativas de plata.

PIRITA

Para un observador lego, brilla como el oro; sin embargo, hay una gran pista de que nos indica que no es un metal precioso: forma cristales cúbicos, mientras que el oro y otros metales preciosos rara vez lo hacen.

REALGAR

Este mineral está compuesto de sulfuro de arsénico. Ahora se sabe que es una sustancia tóxica, pero los romanos usaron realgar para hacer pintura roja.

ESTIBINA

Este mineral, una forma natural de sulfuro de antimonio, se conoce desde hace siglos. Se trituraba en polvo fino y se usaba como maquillaje para ojos en el antiguo Egipto.

BORATOS

Es uno de los grupos más pequeños del sistema. El borato es un compuesto con boro y oxigeno. El miembro más común es el bórax, que tiene un lugar en la industria de la limpieza.

BÓRAX

Es un borato de sodio natural, que se extrae en muchos lugares. Se utiliza en limpiadores antifúngicos, entre muchas otras aplicaciones.

ULEXITA

También conocida como piedra de televisión porque tiene la extraña propiedad de transmitir luz desde la superficie inferior a la superior.

SULFATOS

A diferencia de los sulfuros, estos compuestos ricos en azufre contienen átomos de oxígeno. En esta clase encontramos los cromatos, molibdatos y tungstatos, que son químicamente similares, aunque más raros.

BARITA

Llamada así por contener bario, un metal pesado, la barita se utiliza en los fangos de perforación, unos lodos de alta densidad que evitan que el gas escape en las obras de perforación petrolífera.

YESO

Esta forma de sulfato de calcio se usa para hacer escayola y cartón yeso. El mineral se calienta para expulsar el agua. Cuando se añade agua de nuevo, se transforma en yeso y se endurece.

ÓXIDOS E HIDRÓXIDOS

La mayoría de los minerales de esta clase son óxidos simples, como el mineral del cobre o del hierro, o el hielo, la forma sólida del agua. Además, están muchas gemas como el rubí o el zafiro.

HIELO

Un compuesto de oxígeno e hidrógeno. No hace falta detallar mucho sobre el hielo; no se le suele contar como mineral, porque no existe bajo la temperatura media del planeta

ESPINELA

Durante gran parte de la historia, las muestras de este óxido de magnesio y aluminio se consideraron rubíes. De hecho, el Rubí del Príncipe Negro en la Corona del Estado Imperial del Reino Unido es una espinela, ¡no un rubí!

CRISOBERILIO

Para un químico, se trata de un aluminato de berilio, pero su nombre geológico significa «berilo verde», en referencia a un mineral de silicato de dureza similar pero que no tiene nada que ver.

CUARZO

Es el mineral más común. Muy cristalino, se encuentra en la mayoría de las rocas ígneas, así como en la arena y en la arenisca. Químicamente es dióxido de silicio, por lo que a veces se incluye en la clase de silicato.

FOSFATOS

Los minerales de esta clase (el principal el fósforo, pero también están los arseniatos y los vanadatos) son numerosos, pero raros, ya que no es fácil encontrarlos. Uno de los más comunes es la apatita, una forma natural de fosfato de calcio, el material del esmalte dental y el hueso.

APATITA

Además de ser el material con el que se forman los dientes y los huesos más duros, este mineral también se tritura y se utiliza como fertilizante.

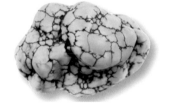

TURQUESA

Da nombre al color azul verdoso. La raíz del nombre es la palabra francesa que significa «de Turquía», aunque la piedra llegó por primera vez a Europa desde Irán.

COMPUESTOS ORGÁNICOS

Algunos geólogos no los consideran minerales porque no se han formado por procesos geológicos. En realidad, fueron creados por procesos biológicos.

ÁMBAR

Es resina de árbol que ha quedado enterrada y se solidifica. Posiblemente sea la joya más antigua. Se compra y se vende desde la Edad de Piedra.

AZABACHE

Es una forma de carbón (una forma fósil de la madera) que conforma una piedra semipreciosa. Se talla para crear joyas negras.

CRONOLOGÍA:
HISTORIA DE LA GEOCIENCIA

GEOCIENCIA

c 3000 a. C.
Los **Upanishad**, un texto hindú, contiene los primeros registros del pronóstico del tiempo mediante observaciones sobre la formación de nubes, la lluvia y el ciclo de las estaciones.

Los Upanishad

c 600 a. C.
Según la leyenda, **Tales**, el fundador del pensamiento filosófico occidental, utiliza técnicas de pronóstico del tiempo y predice una excelente cosecha de aceitunas.

Tales

CIENCIA E INVENTOS

3200 a. C.
Primeros **sistemas de escritura**: jeroglíficos egipcios y escritura cuneiforme sumeria. Aparecen números en los jeroglíficos.

c 3000 a. C.
El **torno de alfarero** se utiliza en Mesopotamia.

c 2500 a. C.
La ciencia de la **momificación** se perfecciona en Egipto.

c 2000 a. C.
Los **babilonios** adoptan el sistema sexagesimal (base 60), que todavía se usa para contar el tiempo (minutos y segundos) y los ángulos.

876 a. C.
Los **matemáticos indios** usan el concepto de cero como número.

c 600 a. C.
El rey **Nabucodonosor II** construye los Jardines Colgantes de Babilonia.

Nabucodonosor II

HISTORIA

3100 a. C.
Los **reinos del Alto y Bajo Egipto** se unen en uno por el Rey Menes.

3000 a. C.
El **Neolítico/ cultura del vaso campaniforme** comienza a florecer en Europa.

Se caracteriza por sus vasos de arcilla con forma de campana invertida.

Vaso de la Edad de Bronce

c 2000 a. C.
Poblaciones que hablan lenguas indoeuropeas se mueven por Asia y Europa.

c 1766 a. C.
La **dinastía Shang** comienza en China, presentando trabajos avanzados de bronce y escritura.

CULTURA

3761 a. C.
El **calendario judío** comienza con la fecha de la creación del mundo.

3100 a. C.
Según la tradición, **Krishna** está vivo y suceden los hechos del Mahabharata hindú.

3000 a. C.
La antigua religión egipcia está asentada. Se cree que el Sol viaja a través del inframundo durante la noche.

Hacia 2184 a. C.
Se aplican los 12 símbolos animales del zodiaco chino y el sistema místico de cinco elementos. También se inventó en la prehistoria el calendario chino.

2040 a. C.
Nacimiento del príncipe **Rama**, el héroe del hindú *Ramayana*.

c 2000–1500 a. C.
Los **minoicos** de Creta adoran a sus diosas.

c 2000 a. C.
Se escribe la **leyenda sumeria** *Epopeya de Gilgamesh*.

GRANDES GEOCIENTÍFICOS

Las contribuciones realizadas por estos científicos a lo largo de la historia reflejan la enorme variedad de campos que componen las ciencias de la Tierra. Algunos se han enfrentado a los climas extremos, han hecho viajes intrépidos a partes remotas de la Tierra, o han desentrañado grandes cantidades de datos para descubrir cómo funciona nuestro planeta. Los geocientíficos provienen de todos los rincones de la ciencia, como la astronomía, la biología y la física. Esas disciplinas se han puesto a trabajar para revelar secretos sobre las partes más profundas de la Tierra y las mayores alturas de la atmósfera.

TEOFRASTO

Lesbos, Grecia. c 372 a. C.-c 287 a. C. *Uno de los padres de la mineralogía.*

Además de clasificar minerales, Teofrasto tenía intereses muy diversos. Se le conoce más por su trabajo en biología de las plantas, y a menudo se le atribuye ser la figura fundadora de la botánica. En sus dos trabajos botánicos que nos han llegado, *Historia de las plantas* y *Sobre las causas de las plantas*, Teofrasto hizo por las plantas lo que Aristóteles había hecho por los animales, describiéndolos e investigándolos. Su esquema para clasificar diferentes tipos de plantas los dividió en árboles, arbustos, «arbustos bajos» y plantas, y también estudió las propiedades medicinales de las plantas y sus otros usos.

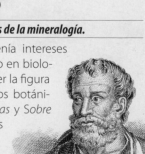

c 450 a. C.

En su poema *Sobre la naturaleza*, **Empédocles** presenta la idea de que la naturaleza está compuesta completamente de cuatro elementos: fuego, aire, agua y tierra.

c 360 a. C.

En su diálogo *Timeo*, **Platón** habla de una catástrofe geológica en su descripción de una gran civilización llamada Atlántida, destruida por terremotos e inundaciones.

Platón

c 350 a. C.

Aristóteles escribe *Meteorología*, un tratado sobre fenómenos atmosféricos. Afirma que los cambios en la naturaleza los impulsa la separación de los elementos.

c 325 a. C.

El explorador griego **Piteas** navega hacia el norte en busca de la tierra de Thule, la que se cree es el origen del frío de la Tierra. Habla de un mar helado y es el primero en documentar el sol de medianoche en el Círculo Polar Ártico.

c 300 a. C.

Teofrasto, el sucesor de Aristóteles, publica *Sobre las piedras*, un libro que clasifica y compara diferentes rocas, minerales, metales y gemas, y aconseja sobre los lugares donde se pueden extraer.

c 550 a. C.

Nace **Siddhartha Gautama**, fundador del budismo.

c 500 a. C.

El cirujano indio **Sushruta** opera las cataratas oculares.

c 400 a. C.

Los astrónomos chinos **Gan De** y **Shi Shen** diseñan los primeros catálogos de estrellas conocidos, que describen más de 100 constelaciones.

Arquímedes

350 a. C.

Los griegos **Platón** y **Aristóteles** determinan que la Tierra es el centro del Universo.

230 a. C.

Arquímedes de Siracusa formula su principio de hidrostática, diseña palancas, construye la bomba de agua del tornillo de Arquímedes e inventa máquinas de guerra.

Aristóteles

Bronce de la dinastía Shang

814 a. C.

Los fenicios fundan la ciudad de **Cartago,** en el norte de África.

597 a. C.

El rey **Nabucodonosor II** de Babilonia conquista Judá y deporta a los judíos a Babilonia.

521–486 a. C.

Darío el Grande gobierna sobre el extenso imperio persa.

Darío el Grande

509 a. C.

El **reino de Roma** se convierte en una república.

c 500 a. C.

Prospera en Nigeria la **cultura Nok**.

c 478 a. C.

Atenas emerge como una de las principales ciudades-estado griegas.

c 900 a. C.

El poeta griego **Homero** compone la *Odisea* y la *Ilíada*.

c 551–479 a. C.

Vida de **Confucio**, cuya filosofía será la base para los gobernantes y la vida social en China, Japón, Corea y Vietnam durante siglos.

Confucio

307 a. C.

Ptolomeo Soter funda el Museo y la Gran Biblioteca de Alejandría.

c 300 a. C.

Basados en tradiciones mucho más antiguas, se escriben los **textos hindúes**.

214 a. C.

Comienza a construirse la **Gran Muralla China**.

La Gran Muralla China

ESTRABÓN

Amasya, Turquía. c 64 a. C.-c 24 a. D. *Autor de* **Geografía.**

Estrabón nació en una familia rica e influyente. Se aliaron con Roma cuando los persas se apoderaron de su tierra natal en Asia Menor (lo que ahora es Turquía). Como era de esperar de uno de los padres de la geografía, Estrabón viajó mucho. Visitó Egipto, navegó por el Nilo, y fue más al sur, a los reinos africanos de Kush y Etiopía. Su viaje más occidental fue a Etruria (hoy conocida como Toscana) y pasó muchos años en la misma Roma. La fecha de su *Geografía* no está clara, pero se cree que probablemente fue escrita por primera vez en el año 7 a. D. Es posible que Estrabón lo hubiera ido actualizando hasta su muerte.

PTOLOMEO

¿? Egipto. 100-170. *Publicó el primer mapamundi.*

Claudio Ptolomeo era un ciudadano romano que escribía en griego, el idioma de los intelectuales en la era romana; irónico ya que el latín fue el idioma elegido por los estudiosos posteriores. Además de su trabajo cartográfico, Ptolomeo es conocido por el catálogo de estrellas de su *Almagesto*. A menudo se le llama Ptolomeo el Sabio para evitar confusiones con los faraones alejandrinos que tenían el mismo nombre. Aunque pasó años en Alejandría, hay quienes afirman que provenía del Alto Egipto,, lo que significa que provenía del sur del país: los «alto» y «bajo» están al revés de lo esperado en un mapa.

c 200 a. C.

El astrónomo griego **Eratóstenes** determina la circunferencia de la Tierra, utilizando los ángulos de las sombras en diferentes lugares de Egipto. Su resultado está cerca del valor actual de 40032 km.

c 20 a. C.

El geógrafo griego **Estrabón** publica su *Geografía*, un compendio de ciencias de la Tierra que cubre todo el mundo

Eratóstenes

conocido, desde Thule en el noroeste hasta Bactria en el este.

77

Plinio el Viejo, el historiador romano, escribe su *Historia Natural*, con información sobre minería, geografía, agricultura y piedras preciosas.

80

Wang Chong, filósofo de la dinastía Han, expone una nueva teoría de la lluvia, que descarta la antigua idea

Plinio el Viejo

Hiparco

77

Los **romanos** descubren una forma básica de destilación.

c 83–c 161

Ptolomeo, el último de los astrónomos de la Grecia clásica, crea la primera explicación matemática de los movimientos del Sistema Solar.

100

Uso de la **carretilla** en China.

c 120

El astrónomo griego **Hiparco** divide el cielo nocturno en longitud y latitud. También demuestra que la Tierra se tambalea sobre su eje según gira.

129–c 216

El médico griego **Galeno** es pionero en disecciones y experimentos médicos. También extrae el jugo de las plantas para usarlo como medicamento.

Galeno

GALENVS

Alejandro Magno

336 a. C.

Alejandro Magno de Macedonia empieza sus campañas bélicas.

c 30

Crucifixión de **Jesucristo**.

70

Las **tropas romanas** destruyen el templo judío en Jerusalén y obligan a los judíos a irse de la ciudad.

79

El **volcán Vesubio** entra en erupción, enterrando las ciudades

romanas de Pompeya y Herculano en cenizas.

80

Los **hunos** comienzan a emigrar hacia el oeste desde las estepas de Asia.

100

Prospera el comercio entre China y Europa occidental a lo largo de la **Ruta de la Seda**.

Monte Vesubio

220

Termina en China la **dinastía Han**, dando paso a un largo período de inestabilidad.

224

Ardashir I de Persia derrota a los partos y funda el Imperio Sasanian.

267

La **reina Zenobia** de Palmira se rebela contra Roma.

396

El **imperio romano** se divide entre el de Oriente y el de Occidente.

c 196 a. C.

Se talla la piedra de Rosetta en Egipto.

c 150 a. C.

La **Gran Stupa** de Sanchi, India, se amplía y reconstruye en piedra.

c 130 a. C.

Se esculpe la Venus de Milo.

46 a. C.

Roma adopta el **calendario juliano**.

43

Se construye la ciudad de **Londres**. Se incendia por orden de la reina británica **Boudicca** en el año 61, pero se reconstruye.

59

Petronio escribe la obra satírica El *Satiricón*, en la que subraya la inmoralidad de la sociedad romana.

74

Se realiza el último **registro cuneiforme** conocido en Mesopotamia.

Mahoma

AL-BIRUNI

Khwarezm, Uzbekistán. 973-c 1050. *Calculó el tamaño de la Tierra.*

Muchos eruditos islámicos se basaron en las obras de la Grecia clásica. Al-Biruni, que hablaba siete idiomas y provenía del extremo oriental del mundo islámico (pasó muchos años en lo que ahora es Afganistán) hizo lo propio, pero también encontró inspiración en la ciencia de la India. Sus principales contribuciones llegaron en mecánica e hidrodinámica, el movimiento de fluidos. Sin embargo, también es recordado por calcular el radio (y, por lo tanto, la circunferencia) de la Tierra. Para ello, aprovechó un pico de montaña en lo que ahora es Pakistán para formar un enorme triángulo rectángulo con el horizonte y el centro de la Tierra.

NICOLÁS STENO

Copenhague, Dinamarca. 1638-1686. *Padre de la estratigrafía.*

Sufrió una enfermedad grave pero inexplicable cuando era niño, por lo que Steno tuvo una infancia aislada. A los 19 años fue a la escuela de medicina y, una vez graduado, recorrió Europa para aprender de los mejores científicos en cada escala. Le interesaba mucho la anatomía, e investigó el sistema linfático y el funcionamiento de los músculos. Se convirtió en miembro destacado de la sociedad científica Accademia del Cimento de Florencia, donde expuso sus ideas sobre estratigrafía y paleontología. Casi al mismo tiempo, Steno se convirtió al catolicismo, y su interés por la ciencia comenzó a disminuir. Tomó las órdenes sagradas en 1675.

mitológica de que la lluvia es enviada por los dioses dragones.

132

El inventor chino **Zhang Heng** crea una «veleta de terremoto», una forma primitiva de sismómetro, un dispositivo para recoger vibraciones y ondas de presión en el suelo.

c 150

El astrónomo griego **Ptolomeo** crea el mapa más actualizado del mundo del

300

La **alquimia**, una mezcla de magia y ciencia, se extiende desde Egipto.

499

El genio indio **Aryabhata** impulsa la

Un alquimista

momento, uno de los primeros en incluir líneas de latitud y longitud.

725

En *De Temporum Ratione*, el Venerable Beda, un monje y erudito inglés, vincula las fases de la Luna con las dos mareas diarias y el ciclo de las mareas de primavera y verano.

c 1002

El explorador vikingo **Leif Erikson** se convierte en el primer europeo registrado en visitar América del Norte.

trigonometría, el concepto de cero y los valores numéricos de posición.

595

Se implanta el **sistema de números hindú-árabe**, la base del que hoy es ya universal.

1074

El naturalista chino **Shen Kuo** indica que los fósiles de moluscos en las montañas tierra adentro prueban que las costas cambian con el tiempo.

c 1300

Trabajando independientemente, Teodorico de Friburgo, monje alemán, y Kamal al-Din al-Farisi, científico persa, dan las primeras explicaciones precisas de cómo se crea un arcoíris.

1450

Los **navegadores portugueses y españoles** diseñan un método para estimar la longitud a partir de los

Leif Erikson

cambios en la declinación magnética, el ángulo hacia el norte magnético.

Leon Battista Alberti inventa el anemómetro, un dispositivo para medir la velocidad del viento.

1220–92

Vida de **Roger Bacon**, impulsor de la investigación y observación sistemáticas.

1021

El polímata árabe **Ibn al-Haytham** (Alhacén) publica *El libro de la Óptica*, que revoluciona la visión de la óptica y la vista.

Atila

c 200

Se realizan los dibujos de la llanura de **Nazca**, en Perú.

250

Comienza en Sudamérica la gran edad de los **mayas**.

570–632

Vida de **Mahoma**, fundador de la religión del Islam.

433

Atila (llamado El Azote de Dios por los romanos) instruye a los hunos en un ejército que aterroriza a Bizancio y Roma.

450

La ciudad centroamericana de **Teotihuacán**, cerca de la moderna Ciudad de México, está en su apogeo.

c 600–1000

Los **pueblos bantúes** migran desde el norte de África hacia el sur.

Isla de Pascua

700–1200

Edad Dorada árabe, cuyo centro se sitúa en Bagdad y Córdoba (España).

1066

Conquista **normanda** de Inglaterra.

1368

En China, la **dinastía Ming** reemplaza a la dinastía mongol Yuan.

Principios siglo xv

Comienza la **época europea de la exploración**, que lleva a la colonización de territorios en Asia, América y África.

c 1000

Se escribe el **poema épico** *Beowulf* en inglés antiguo.

Siglo XI

Se levantan los primeros edificios de piedra en el **Gran Zimbabue**.

Siglo XII

Se construye el complejo de templos de **Angkor Wat**, en Camboya.

Angkor Wat

1453

Los **turcos otomanos** conquistan Constantinopla. El Imperio bizantino cae poco después.

1492

Navegando en nombre de España, **Cristóbal Colón** cruza el Atlántico y llega a América, y desembarca en las islas del Caribe.

1300

Los habitantes de la **Isla de Pascua** esculpen estatuas gigantescas.

1387–1400

En Inglaterra, **Geoffrey Chaucer** escribe *Los cuentos de Canterbury*, el primer libro de poesía en inglés.

1452-1519

Vida del artista, científico y polímata **Leonardo da Vinci**.

GEORGE HADLEY

Londres, Inglaterra. 1685-1768. *Estudio de los vientos a nivel global.*

Durante su vida, la familia de George Hadley fue conocida por el trabajo de su hermano mayor, John, quien inventó el octante, un artilugio para medir la latitud. Tras acudir a la universidad en Oxford, George se convirtió en abogado en Londres –una carrera organizada por su padre–, pero a menudo se distraía con estudios científicos. Se convirtió en el analista jefe de los datos meteorológicos de los que disponía la Royal Society de Londres. En 1735, fue elegido miembro de la sociedad y publicó su teoría de los vientos alisios ese mismo año. Aunque su teoría fue ignorada al principio, a finales del siglo XIX el mecanismo se conocía como el «principio de Hadley».

JOHN MICHELL

Nottinghamshire, Inglaterra. 1724-1793. *Causas de los terremotos.*

A los historiadores de la ciencia les gusta pensar en John Michell como el más ignorado de todos los científicos. Sus contribuciones a la óptica, la astronomía y las ciencias físicas, junto con su trabajo sobre sismología y terremotos, quedaron en la sombra durante mucho tiempo. Michell fue el primero en pensar en algo parecido a un agujero negro, al que llamó una «estrella oscura». También fue consultado por otros que se convirtieron en grandes científicos, como Benjamin Franklin, Joseph Priestley o Henry Cavendish, quien es especialmente conocido por usar un dispositivo diseñado por Michell para medir la masa de la Tierra.

1519

Fernando de Magallanes parte desde Sevilla para intentar la primera circunnavegación de la Tierra. Lo matan en Filipinas, pero unos pocos tripulantes consiguen regresar a España en 1522 al mando de Elcano.

1556

Georg Pawer, más conocido como **Agricola**, publica *De re metallica* (*Sobre los metales*), un manual de referencia sobre minería y refinación de metales.

Blaise Pascal

1620

El polímata holandés **Cornelius van Drebbel** inventa el submarino y realiza un viaje inaugural bajo el río Támesis, en Londres.

1648

Blaise Pascal muestra que el «peso del aire» de la presión atmosférica disminuye con la altitud.

1654

Fernando II de Médici crea el primer sistema de observación meteorológica con estaciones meteorológicas en Italia, Austria, Francia y Polonia.

1669

Nicolas Steno afirma que las capas o estratos que ve en las rocas los crean depósitos formados en los lechos de los antiguos mares.

1502

El alemán **Peter Henlein** construye los primeros relojes.

1510

Leonardo da Vinci diseña el antecedente de la turbina de agua, una rueda hidráulica horizontal.

1518

Se funda el **Colegio Real de Médicos** en Londres.

1536

El médico suizo **Paracelso** impulsa la idea de que la limpieza ayuda a la curación.

1543

Copérnico publica detalles de su universo heliocéntrico, en el que la Tierra y los planetas orbitan alrededor del Sol.

1583

Una **lámpara oscilante** de la catedral de Pisa inspira a **Galileo** a formular la ley del péndulo, que describe la relación entre la longitud y la oscilación de un péndulo.

1609-19

El astrónomo alemán **Johannes Kepler** formula tres leyes del movimiento planetario.

1610

El italiano **Galileo Galilei** informa de sus primeras observaciones astronómicas hechas por telescopio.

Galileo Galilei

1642

Con solo 19 años, el matemático francés **Blaise Pascal** crea una calculadora mecánica.

1660

La obra científica *El químico experto*, de **Robert Boyle**, marca el desarrollo de la química a partir de la alquimia.

1526

Babur, descendiente de Genghis Khan, funda el Imperio Mogol en la India.

1536

Los **imperios inca** y **azteca** caen en manos de España.

1588

La **Armada Invencible** cae derrotada en Inglaterra.

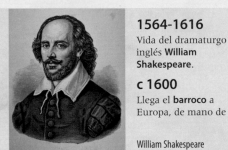

La Armada Invencible

1606

John Smith funda Jamestown, la **primera colonia de Inglaterra** en Norteamérica, y Pocahontas salva su vida.

1618–48

Guerra de los Treinta Años en Centroeuropa.

1619

Llegan los **primeros esclavos africanos** a las colonias europeas de Norteamérica.

Taj Mahal

1500

Apogeo del **Renacimiento europeo**. Entre los artistas se encuentran **Miguel Ángel, Rafael** o **Tiziano**. En el norte de Europa aparecen **Alberto Durero, El Bosco** o **Hans Holbein**.

1564-1616

Vida del dramaturgo inglés **William Shakespeare**.

c 1600

Llega el **barroco** a Europa, de mano de

artistas como **Caravaggio** o **Rubens**.

1666

El **Gran Incendio de Londres** provoca que gran parte de la ciudad deba ser reconstruida.

William Shakespeare

Gran Incendio de Londres

1667

John Milton escribe *El paraíso perdido*.

1705

Bach, Handel o **Scarlatti** componen música clásica en Europa.

JAMES HUTTON

Edimburgo, Escocia. 1726-1927. *Desarrolló la teoría del uniformismo.*

Tras abandonar la escuela, Hutton fue en principio aprendiz de abogado, pero pronto se convirtió en asistente de un médico, lo que le permitió aprender experimentos químicos. Después de estudiar anatomía en Europa durante varios años, levantó un negocio químico en Edimburgo en la década de 1750. Por entonces, Hutton también administraba granjas familiares en las Lowlands y Highlands de Escocia. Reflejó su trabajo en las granjas en un libro inédito, *Elementos de la agricultura*. Este trabajo agrícola lo ayudó a dedicarse a sus últimas pasiones, la geología y la meteorología, que lo ocuparon durante el resto de su vida.

GEORGES CUVIER

Montbéliard, Francia. 1769-1832. *Descubrió las extinciones.*

Georges Cuvier estudió anatomía comparada en Stuttgart y trabajó como tutor después de graduarse. Obtuvo un puesto en el nuevo Museo Nacional de Historia Natural en París en 1795, y pronto ganó reconocimiento como experto en anatomía de animales. Tenía fama de poder reconstruir la anatomía completa de una especie fósil antes desconocida a partir de unos pocos fragmentos de hueso. Cuvier fue nombrado para cargos gubernamentales por Napoleón Bonaparte, y continuó como consejero de estado bajo tres reyes seguidos tras la caída de Napoleón.

Gabriel Fahrenheit

1724

El fabricante de instrumentos alemán Gabriel Fahrenheit calibra la primera escala de temperatura segura.

1735

George Hadley ofrece la primera explicación coherente sobre la circulación global del aire que genera vientos a escala planetaria.

1736

La **Misión Geodésica** francesa descubre que la Tierra es un esferoide achatado, una esfera accidentada que se aplana en los polos.

1746

Jean-Étienne Guettard publica el primer mapa geológico de Francia.

1760

John Michell investiga las secuelas del terremoto de Lisboa de 1755 y afirma que los terremotos los causa una capa de roca que se aplasta contra otra.

James Hutton

1776

James Keir afirma que algunas rocas se forman a partir de lava fundida.

1779

El **conde de Buffon** demuestra que la edad de la Tierra es mucho mayor que los 6 000 años aceptados.

1788

El naturalista escocés **James Hutton** publica su artículo *Teoría de la Tierra,* donde aparece la teoría del uniformismo.

1687

El científico inglés **Isaac Newton** publica su trabajo *Principia Mathematica,* en el que describe su ley de gravitación universal, entre otros avances.

Isaac Newton

1632–35

El **imperio mogol** florece en la India: Shah Jahan construye el Taj Mahal.

1692

Juicios de brujería en Salem, Massachusetts (EE. UU.).

1701

Se inaugura la **Universidad de Yale** en Connecticut, EE. UU.

1707

Inglaterra y Escocia se unen en **Gran Bretaña**.

1730

El **Imperio Maratha** empieza su dominio sobre la India.

Revolución Industrial

1705

Edmond Halley predice el regreso del cometa que lleva su nombre.

1714

Comienzan a utilizarse **jeringuillas médicas** de punta fina.

1735

El botánico sueco **Carlos Lineo** presenta su sistema para clasificar organismos vivos, que utiliza nombres de géneros y especies.

1752

El polímata estadounidense **Benjamin Franklin** vuela una cometa con una llave de metal durante una tormenta eléctrica e inventa un pararrayos.

Benjamin Franklin

1750

Comienza la **Revolución Industrial** en Gran Bretana.

1755

El **terremoto en Lisboa (Portugal)** y el posterior tsunami mata a alrededor de 30 000 personas.

1757

Gran Bretaña comienza su conquista de la India.

Terremoto de Lisboa de 1755

George Frideric Handel

1709

Mil años después de su invención, el secreto de la fabricación de **auténtica porcelana china** llega a Europa occidental.

1729

Desarrollo del **metodismo** en Gran Bretaña.

1744

Se abre el primer **club de golf** del mundo en Escocia.

1749-1832

Vida del escritor alemán Johann Wolfgang von Goethe.

1750-1820

Grandes compositores europeos como Haydn, Mozart y Beethoven.

1753

Se funda el **Museo Británico** de Londres, el primer museo público nacional.

ALEXANDER VON HUMBOLDT

Berlín, Alemania. 1769-1859. *Pionero de la climatología.*

Hijo de un oficial del ejército, Humboldt y su hermano fueron criados por su madre tras la muerte de su padre en 1779. Después de una tentativa sin muchas ganas por la ingeniería, Humboldt descubrió su pasión por las plantas y la geología. En 1796 comenzó a viajar sin límites, como un viaje épico a América del Norte y del Sur, durante el cual exploró el río Orinoco y estableció un récord mundial de escalada en una ascensión al monte Chimborazo en los Andes. Humboldt ganó gran fama, y ríos, montañas y pueblos de todo el mundo han recibido su nombre en su honor.

MARY ANNING

Lyme Regis, Inglaterra. 1799-1847. *Buscadora de fósiles.*

Mary Anning, a menudo descrita como «la mayor fosilista que el mundo haya conocido», tuvo la suerte de haber nacido en la Costa Jurásica de Gran Bretaña, rica en fósiles, cerca de Dorset y Devon. Según la tradición familiar, Anning, de un año, sobrevivió a un rayo que mató a tres personas. Cuando su padre murió en 1810, vendió fósiles para ganarse la vida. Luchó por obtener un reconocimiento por sus hallazgos, como el del primer plesiosaurio, y, por ser mujer, no pudo entrar en la Sociedad Geológica de Londres. Sus miembros recaudaron dinero para ella cuando enfermó, pero murió de cáncer de mama en 1847.

1790

Abraham Gottlob Werner es el principal defensor del neptunismo, una teoría geológica que predica que las rocas se forman bajo el mar.

1796

Georges Cuvier compara restos fósiles de mamuts con elefantes vivos para demostrar que son especies distintas y que el mamut se ha extinguido.

1802

Sobre las modificaciones de las nubes, de Luke Howard, sienta las bases del actual sistema de clasificación de nubes.

1805

Francis Beaufort presenta un sistema para clasificar las velocidades del viento, cuyo grado máximo es el huracán de fuerza 12.

Francis Beaufort

1808

Georges Cuvier y **Alexandre Brongniart** examinan la geología de la cuenca de París y emplean una serie de fósiles para fechar diferentes estratos, y así reconstruir la historia geológica de la región.

1817

El explorador **Alexander von Humboldt** publica un mapa de temperaturas medias universales, en lo que es el primer análisis global del clima.

1777

El químico francés **Antoine Lavoisier** identifica que el oxígeno es un elemento distinto.

1796

El médico británico **Edward Jenner** diseña la primera vacuna contra la viruela.

Edward Jenner

1800

El italiano **Alessandro** Volta elabora su pila voltaica, la primera batería eléctrica.

1801

El polímata **Carl Friedrich Gauss** publica sus ideas sobre teoría de números o «aritmética superior».

1823

Charles Babbage diseña su máquina diferencial, la primera computadora mecánica.

Máquina diferencial

1766

Se traza la **línea Mason-Dixon** en las colonias americanas.

1767

El capitán **James Cook** explora Australia.

1775-1783

Revolución Americana/Guerra de Independencia.

1788

Se crea la **primera colonia británica** en Australia, en Botany Bay.

Revolución Francesa

1794

Aparecen las primeras **novelas góticas**, con **Ann Radcliffe** y su libro *Los misterios de Udolfo* a la cabeza.

1789

Estalla la **Revolución Francesa**.

1804

Napoleón Bonaparte se convierte en emperador de Francia e inicia una serie de conquistas en Europa hasta su derrota en Waterloo, en 1815.

Napoleón Bonaparte

1800–50

Aparece el **movimiento romántico** en el arte y la literatura europeos.

1818

Mary Shelley publica *Frankenstein*, considerada por muchos como la primera novela de ciencia ficción.

1811–25

Revoluciones latinoamericanas contra el control de España.

1823

EE. UU. anuncia la **Doctrina Monroe**, que prohíbe las colonias europeas o interferencias en América.

1835–46

Gran Trek de los bóers en Sudáfrica.

1836

Texas declara su independencia de México.

1826

Nace el santo hindú **Ramakrishna**.

1835

Se construye el Arco de Triunfo en París.

1837-189

Se publican *Oliver Twist* y *Nicholas Nickleby*, de Charles Dickens.

La reina Victoria

1837

La **reina Victoria** asciende al trono británico.

1838

Los **nativos americanos cherokee** son reubicados a la fuerza, en lo que ellos llamaron el Sendero de Lágrimas.

Arco de Triunfo

MATTHEW FONTAINE MAURY

Spotsylvania, Virginia, EE. UU. 1806-1873. *Uno de los padres de la oceanografía.*

Maury fue apodado «Explorador de los mares» por su trabajo como cartógrafo de las corrientes oceánicas del mundo. Comenzó como guardiamarina, y su carrera naval terminó por un accidente de diligencia. Esto dio pie a su carrera en oceanografía con su nombramiento como superintendente del Observatorio Naval de EE. UU. y jefe del Depósito de Mapas e Instrumentos. Tras su impacto en la meteorología y navegación mundial, participó en la creación de la Academia Naval de EE. UU. en Annapolis. Durante la Guerra Civil estadounidense, Maury renunció a su comisión como comandante de la Marina de EE. UU. y se unió a la Confederación.

CHARLES DOOLITTLE WALCOTT

New York Mills, EE.UU. 1850-1927. *Descubridor de los fósiles de Burgess Shale.*

Fascinado por la naturaleza desde pequeño, Walcott no completó la escuela secundaria. Se convirtió en coleccionista de fósiles profesional, y tras conocer a Louis Agassiz (uno de los principales defensores de la teoría de la glaciación) en Harvard, decidió dedicarse a la paleontología. Logró un trabajo como asistente del paleontólogo del estado de Nueva York, pero lo perdió poco después. Sin embargo, su siguiente cita fue como asistente geológico en el recién formado Servicio Geológico de EE. UU.; 15 años después se convirtió en el director. En 1907 fue nombrado secretario de la Institución Smithsoniana.

1820

Heinrich Wilhelm Brandes es el primero en elaborar un mapa sinóptico del tiempo.

1822

Gideon Mantell demuestra que los dientes fósiles que ha descubierto pertenecen a un reptil gigante extinto, al que llama *iguanodon*. Más tarde, los animales de este tipo recibirán el nombre de dinosaurios.

1830

Sir Charles Lyell publica *Principios de geología*, donde se habla de las ciencias de la Tierra.

Lectura en Braille

1834

Louis Braille crea su sistema de lectura para ciegos.

1837

Aparecen los **daguerrotipos**, las primeras fotografías.

1839

El inventor estadounidense **Charles Goodyear** descubre la vulcanización del caucho, lo que conduce a su fabricación industrial.

1839-1842

Primera guerra del opio entre Gran Bretaña y China. Gran Bretaña toma Hong Kong.

Primera Guerra del Opio

1838

Músicos como **Berlioz, Chopin** o **Mendelssohn** componen sus obras.

1840

Elias Loomis propone una forma de entender los sistemas meteorológicos en términos de frentes.

1840

El químico alemán **Justus von Liebig** elabora fertilizantes artificiales.

1842-3

Ada Lovelace escribe lo que se considera el primer programa para ordenador.

1844

El inventor estadounidense **Samuel Morse** envía su primer mensaje telegráfico.

1850

Se tiende el **primer cable submarino** entre Gran Bretaña y Francia.

1840

Llega el primer **servicio postal** en Gran Bretaña.

1844

Se funda la **YMCA** (Asociación Cristiana de Hombres Jóvenes).

1848

Karl Marx y **Friedrich Engels** publican *El Manifiesto Comunista*.

Año de **revoluciones** en Europa.

1861

Se funda la **Cruz Roja** tras la sangrienta batalla de Solferino.

1840

Obras de escritores como **Edgar Allan Poe, Henry Wadsworth Longfellow, James Fennimore Cooper, Victor Hugo** o **Robert Browning**.

1841

El geólogo inglés **John Phillips** diseña una escala de tiempo geológica global basada en fósiles encontrados en diferentes estratos.

John Phillips

1859

Charles Darwin publica *Sobre el origen de las especies*, y presenta la teoría de la evolución.

Se inventa el **motor de combustión interna**.

1861

El científico escocés **James Clerk Maxwell** genera la primera fotografía en color. También desarrolla sus «ecuaciones de Maxwell», en las que explica la relación entre electricidad y magnetismo.

Guerra Civil Estadounidense

1861-65

La **Guerra Civil Estadounidense** da pie al fin de la esclavitud en EE.UU.

1845

El club Knickerbockers, de Nueva York, publica las primeras reglas del béisbol.

1848

Comienza el movimiento **prerrafaelita**.

1848

El investigador estadounidense **James Dwight Dana** publica su *Manual de Mineralogía*, que sigue siendo una obra de consulta en la clasificación de minerales.

1864

El químico francés **Louis Pasteur** descubre la pasteurización, el proceso que elimina los microbios y ayuda a preservar algunos líquidos, como la leche.

Alfred Nobel

1866

El científico sueco **Alfred Nobel** inventa la dinamita.

El monje austríaco **Gregor Johann Mendel** publica sus leyes sobre herencia genética.

1870-1

Guerra Franco-Prusiana.

1871

Los **estados alemanes** se unifican.

1877

Primeros **teléfonos públicos** en EE. UU.

1855

Época de escritores como **Walt Whitman, Henrik Ibsen, Emile Zola** o **Lord Tennyson**.

1859

El **poema persa** *El Rubaiyat*, de Omar Khayyam, se traduce al inglés.

ANDRIJA MOHOROVICIC

Opatija, Croacia. 1857-1936. *Descubridor del límite inferior de la corteza terrestre.*

Mohorovicic era hijo de un herrero. Estudió matemáticas y física en la Universidad de Praga en 1875, con Ernst Mach, un experto en el comportamiento de las ondas (los números Mach de la velocidad del sonido llevan su nombre). Mohorovicic regresó a Croacia para trabajar como profesor y se interesó por la meteorología, lo que marcó el comienzo de una carrera académica. En 1892 se convirtió en jefe del observatorio meteorológico de Zagreb, y lo impulsó hasta convertirlo en uno de los más avanzados de Europa. Ese año observó que un tornado levantaba y lanzaba un vagón de ferrocarril con 50 personas. Fue uno de los primeros defensores del diseño de edificios resistentes a los terremotos.

ALFRED WEGENER

Berlín, Alemania. 1880-1930. *Teoría de la deriva continental.*

Tras la secundaria, Wegener estudió física, meteorología y astronomía en varias universidades. Su primer trabajo fue como asistente en el Observatorio de Urania, y obtuvo su doctorado en astronomía en 1905. A Wegener le interesaba la meteorología y el clima, con una fascinación particular por la región polar. En 1906 realizó la primera de sus cuatro expediciones a Groenlandia. Publicó su teoría de la deriva continental en 1912, aunque no fue aceptada del todo durante décadas. Wegener cayó y murió durante una caminata por el centro de Groenlandia. Su cuerpo fue enterrado en la nieve, y ahora se conserva a 100 m bajo el hielo.

1853

Matthew Fontaine Maury crea un sistema global de medición para registrar la temperatura del océano y las condiciones meteorológicas, y seguir las corrientes oceánicas.

1862

Henry Coxwell y el meteorólogo **James Glaisher** se suben a un globo de hidrógeno para volar a 10 973 m y casi mueren en el intento.

1875

La tripulación del **HMS Challenger** encuentra el punto más profundo del mar en la **Fosa de las Marianas**, un lugar que todavía hoy llamamos **Abismo Challenger**.

Tabla periódica

1869

El ruso **Dmitri Mendeléyev** elabora una tabla «periódica» con elementos dispuestos en filas según el peso atómico y la valencia.

1877

Proclamación de la **reina Victoria** como emperatriz de la India.

1879

Guerra anglo-zulú.

1869

Se publica *Guerra y paz*, de **León Tolstói**.

1870

Obras de compositores como **Schubert, Strauss, Brahms, Offenbach** o **Wagner**.

Los pintores **Cézanne, Manet, Degas, Doré** o **Whistler** realizan sus obras.

1874

Los **impresionistas** celebran su primera exposición de arte, en París.

1883

Erupción del volcán indonesio **Krakatoa**.

Krakatoa

1896

El científico sueco **Svante Arrhenius** afirma que los valores de dióxido de carbono, que varían en la atmósfera, repercuten en la temperatura global.

1895

Wilhelm Röntgen descubre los rayos X.

La cámara de cine de **Louis Lumière** da pie a la industria del cine.

1893

Nueva Zelanda es el primer país en dar el voto a las mujeres.

1898-1900

Rebelión de los bóxers en China.

1877

Se celebra el primer torneo de tenis de **Wimbledon**, en Londres.

1879

Se crean las reglas del **fútbol americano**.

1880

Se crea el **bingo** a partir de juegos de lotería previos.

1882

Rodin esculpe; **Dostoievsky, Robert Louis Stevenson** o **George Bernard Shaw** escriben.

1909

Charles Doolittle Walcott, exdirector de la USGS, descubre una enorme riqueza de fósiles del Cámbrico en Burgess Shale, una formación rocosa situada en las Montañas Rocosas canadienses.

1911

Arthur Holmes utiliza la semivida de los isótopos radiactivos –en concreto del plomo y del uranio– para calcular la edad de las rocas.

1900

Max Planck presenta la teoría cuántica.

1913

Niels Bohr propone su modelo del átomo con órbitas de electrones.

1911–12

Revolución China.

1914–18

Primera Guerra Mundial.

Primera Guerra Mundial

1917

Revolución Rusa.

1927–49

La **Guerra Civil China** lleva a la formación de la República Popular Comunista de China bajo el presidente Mao.

1909–12

Pablo Picasso y **Georges Braque** desarrollan el estilo artístico cubista.

c 1910

Evolución de la **música jazz** en EE. UU.

1912

Alfred Wegener revitaliza la teoría de la deriva continental, según la cual los continentes estuvieron conectados en el pasado.

El geólogo inglés **George Barrow** elabora el concepto de metamorfismo, en el que las rocas cambian por el calor y la presión.

1913

Se inventa la **sonda náutica**, una técnica para medir la profundidad del agua mediante ondas de sonido.

1920

Andrew Douglass impulsa la **dendrocronología**, o datación por los

1916

Albert Einstein presenta su teoría general de la relatividad.

1928

Alexander Fleming descubre el antibiótico penicilina.

1929

Llega la **Gran Depresión** por una caída del mercado de valores en EE. UU.

La Gran Depresión

1920

El **movimiento surrealista** se extiende por todo el mundo.

1920-39

Movimiento Art Déco.

1927

El cantor de jazz es la primera película sonora.

INGE LEHMANN

Copenhague, Dinamarca. 1888-1993. *Descubrió el núcleo interno de la Tierra.*

Tras recibir una educación infantil extraordinaria por parte de su padre, un psicólogo experimental, y de Hanna Adler, la tía del físico cuántico Niels Bohr, Lehmann estudió matemáticas en Copenhague y luego en Cambridge. Su carrera académica se vio interrumpida por problemas de salud y trabajó para un actuario, con quien adquirió habilidades matemáticas. En 1918 comenzó de nuevo en la Universidad de Copenhague. En 1925 se convirtió en asistente de Niels Erik Nørlund, un geodesista (un científico que mide la Tierra y sus propiedades). Él le pidió que estableciera observatorios sismológicos en Dinamarca y Groenlandia, lo que le puso en bandeja el trabajo de su vida.

ARTHUR HOLMES

Durham, Inglaterra. 1890-1965. *Datación radiométrica de las rocas.*

Holmes se ganó una plaza para estudiar física en el Royal College of Science (ahora Imperial College London) y se cambió a geología en su segundo año (en contra del consejo de sus tutores). Consiguió trabajo como prospector minero en Mozambique, pero no encontró nada valioso y casi murió de malaria. En 1920 trabajó para una compañía petrolera en Myanmar. De nuevo, la empresa fracasó, y su hijo murió de disentería. Regresó a su condado de origen para dirigir el departamento de geología de la Universidad de Durham, donde comenzó su investigación sobre datación radiométrica y geología física. Después se mudó a Edimburgo y se jubiló en 1956.

anillos de árboles. También puede proporcionar datos sobre situaciones climáticas del pasado.

Dendrocronología

1930

Abre la **Institución Oceanográfica Woods Hole** en Massachusetts (EE. UU.).

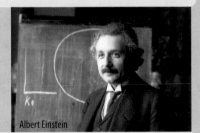

Albert Einstein

1933

Adolf Hitler se alza como canciller de Alemania.

1935

Persia cambia su nombre a **Irán**.

1936

La **expansión alemana** comienza con la ocupación de Renania.

Italia anexa Abisinia (Etiopía).

1936–39

Guerra Civil Española.

1939–45

Segunda Guerra Mundial. Mueren al menos 50 millones de personas.

1930

La **música swing** y el **baile jive** se crean a partir del jazz.

1937

Obra de compositores como **Gershwin, Rodgers, Strauss, Stravinsky** o **Rachmaninoff**.

1935

Charles Richter inventa su escala para representar la potencia de un terremoto.

1936

El sismólogo danés **Inge Lehmann** indica que en el interior de la Tierra hay un núcleo denso de metal.

1935

Erwin Schrödinger propone el experimento mental que ahora conocemos como «el gato de Schrödinger».

Enrico Fermi

1938

Enrico Fermi desencadena la primera reacción en cadena de fisión nuclear.

1939

Se sintetiza el DDT.

Se descubre el **factor Rh** de la sangre humana.

1939

Auge de la **economía de EE. UU.** por los pedidos de equipos militares de Europa.

1944

Victoria en Europa; los aliados invaden Alemania.

1939

Se estrena la película *Lo que el viento se llevó*.

1940

Obra de escritores como **Ernest Hemingway, Eugene O'Neill, Thomas Mann** o **Raymond Chandler**.

George Gershwin

1941

El mineralogista alemán **Karl Hugo Strunz** crea un método para clasificar minerales, que sigue en uso.

Durante la Segunda Guerra Mundial, los operadores de radar descubren que pueden detectar las **nubes de lluvia** que se aproximan.

1948

Primera **predicción correcta de un tornado**, en Oklahoma (EE. UU.).

1941

Comienza el **Proyecto Manhattan**, que estudia la fabricación de una bomba atómica.

1942

Se inventan las **cintas de grabación magnética**.

1944

Se sintetiza la **quinina**.

1945–80

Guerras de independencia contra las potencias coloniales europeas en Asia y África.

1947

India se independiza de Gran Bretaña y se divide en Pakistán e India.

Segunda Guerra Mundial

1944

Tennessee Williams y **Albert Camus** escriben sus obras.

Bernstein, Shostakovich, Prokofiev o **Bartok** componen su música.

1950-69

Florecimiento del **Pop Art**.

1953

Se encuentran en estromatolitos fosilizados unos fósiles microscópicos de **cianobacterias** de hace 2 000 millones de años, lo que indica cuándo apareció la vida primitiva en la Tierra.

La **Dorsal Mesoatlántica**, una cadena montañosa sumergida que corre a lo largo del medio del océano, queda cartografiada completamente por un equipo de oceanógrafos estadounidenses.

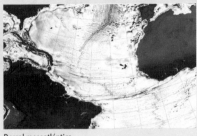

Dorsal mesoatlántica

1950

Alan Turing crea el «test de Turing» para evaluar la inteligencia de una máquina.

1953

Francis Crick y **James Watson** descubren la estructura del ADN.

Fidel Castro

1948

Se funda el **estado de Israel**.

1953-9

Revolución Cubana, dirigida por Fidel Castro y el Che Guevara.

1954

En Corea, **Sun Myung Moon** funda la Asociación del Espíritu Santo para la Unificación del Cristianismo Mundial: los Moonies.

CHARLES RICHTER

Hamilton, EE.UU. 1900-1985. *Escala de magnitud de los terremotos.*

Tras la escuela secundaria, Richter fue a Stanford y comenzó un doctorado en física teórica del Instituto de Tecnología de California, pero antes de completar sus estudios se cambió a la Carnegie Institution de Washington, DC. Allí se interesó por la sismología, lo que lo llevó a un nuevo laboratorio sismológico dirigido por Caltech en Pasadena. En 1932, Richter colaboró con Beno Gutenberg para desarrollar una escala para medir el tamaño relativo de los terremotos, que tomó el nombre de Richter. Richter se convirtió en profesor titular en 1952. Años después, Richter se dedicó al diseño de edificios a prueba de terremotos.

HARRY HAMMOND HESS

Nueva York, EE. UU. 1906-1969. *Teoría de las placas tectónicas.*

La carrera de Harry Hess en la academia acabó en una estrecha asociación con la Marina estadounidense. Hizo viajes en submarinos militares para medir la forma en que cambia la fuerza de la gravedad cerca de las cadenas de islas en el océano. Se unió a la armada durante la Segunda Guerra Mundial y fue nombrado capitán del USS Cape Johnson, que llevaba una nueva tecnología de sonar. Hess lo usó para inspeccionar el fondo marino mientras realizaba operaciones en el Pacífico norte, y constituyó la base de su trabajo sobre la expansión del fondo marino y la tectónica de placas. Permaneció en las reservas navales tras regresar a Princeton después de la guerra, y llegó al rango de contralmirante.

1953

Para ayudar a seguir el paso de las **tormentas tropicales** y simplificar las advertencias hacia el público, las autoridades estadounidenses comienzan a nombrar alfabéticamente los huracanes en cada temporada.

1955

Se desarrolla el **Modelo de circulación general atmosférica**, el primer programa de ordenador creado para predecir el tiempo meteorológico.

1959

Se lanza **Vanguard 2**, el primer satélite meteorológico. Toma fotografías digitales de la capa de nubes.

Watson y Crick

1955

Jonas Salk anuncia su vacuna contra la polio.

1958

Se funda la **NASA**, la Administración Nacional de Aeronáutica y del Espacio.

1955

Fundación de la **Unión Europea**.

1961

Se construye el **muro de Berlín**.

The Beatles

1960

Harry Hess afirma que las dorsales mediooceánicas son el origen de la deriva continental.

El **Trieste** es el primer **batiscafo tripulado** que alcanza el punto más bajo de la Tierra, la Fosa de las Marianas.

Eugene Shoemaker demuestra que el cráter Barringer en Arizona, fue

1961

El ruso **Yuri Gagarin** es el primer hombre que alcanza el espacio.

1962

Rachel Carson advierte sobre los peligros de los pesticidas en Silent Spring.

Se patenta el chip de silicio.

1965

IBM presenta el primer **disquete**.

1962

Crisis de los misiles cubanos. Se evita por poco una guerra nuclear entre EE. UU y la URSS.

1963

Asesinato del presidente de EE. UU., **John F. Kennedy**.

1965-73

Guerra de Vietnam.

1960

Harper Lee publica *Matar un ruiseñor*.

Comienza a formarse el grupo pop **The Beatles**.

Década de 1960

Durante la «Contracultura» en las naciones occidentales, los jóvenes comienzan a interesarse por las religiones orientales, y la New Age

generado por un gran impacto de meteorito.

1963

Frederick Vine y **Drummond Matthews** demuestran que el campo magnético de la Tierra cambió su polaridad en el pasado.

1969

Viktor Safronov explica que la Tierra y el Sistema Solar podrían haberse formado a partir del material «sobrante» tras la formación del Sol.

1967

Primer **trasplante de corazón**.

1969

Primer avión de combate VTOL, o despegue y aterrizaje vertical, el **Harrier Jump Jet**.

En la misión Apolo 11, **Neil Armstrong** se convierte en la primera persona en caminar sobre la Luna.

1967–75

Guerra Civil camboyana.

1968

Asesinato del líder de los derechos civiles en EE. UU., **Martin Luther King**.

El senador estadounidense **Robert Kennedy** es asesinado.

John F. Kennedy

indaga en la astrología y las cartas del tarot.

1963

Se emite la serie de televisión *Doctor Who* en la BBC.

1966

Se lanza la serie de televisión *Star Trek*.

1970

Creación de la **NOAA** (la Administración Nacional Oceánica y Atmosférica de EE. UU.).

El Pozo Superprofundo de Kola, en Rusia, comienza a perforar la corteza terrestre, y alcanza los 12,2 km antes de ser abandonado en 1989.

1971

Se elabora la **escala Fujita** para la calificación de tornados.

1977

Se descubre la primera fumarola negra, o **fuente hidrotermal**, se descubre cerca de las islas Galápagos.

1970

Aparecen los **videocasetes**.

1974-1983

Subrahmanyan Chandrasekhar predice la existencia de agujeros negros.

1976

Despega el **jet supersónico Concorde**.

1979

Nace el **primer bebé probeta**.

1972

Los terroristas palestinos de «**Septiembre negro**» secuestran y matan a atletas israelíes en los Juegos Olímpicos de Múnich.

1974

Muhammad Ali se convierte en campeón mundial de boxeo de peso pesado tras noquear a George Foreman en Zaire.

Muhammad Ali

1975

La escritora de misterio **Agatha Christie** mata a su detective ficticio Hercule Poirot.

LUIS ÁLVAREZ

San Francisco, EE. UU. 1911-1988. *Propuso que un meteorito extinguió a los dinosaurios.*

Junto con su hijo, Walter, Luis Álvarez fue la fuerza impulsora detrás de la teoría (1980) de que los dinosaurios fueron aniquilados por un meteorito. Sin embargo, este fue solo el capítulo final de una carrera increíble. En la década de 1930 comenzó a trabajar como físico de partículas y descubrió una forma radiactiva de hidrógeno llamada tritio. Esto lo llevó a ser parte del proyecto Manhattan durante la Segunda Guerra Mundial, donde desarrolló los detonadores para armas nucleares. Tras la guerra, Álvarez diseñó cámaras de burbujas que podían rastrear partículas subatómicas cruciales para el descubrimiento de muchas partículas nuevas. Ganó el Premio Nobel por ese trabajo en 1968.

MARIE THARP

Ypsilanti, EE. UU. 1920-2006. *Descubrió la dorsal mesoatlántica.*

Marie Tharp estudió música e inglés en la universidad para ser maestra de escuela. Sin embargo, la Segunda Guerra Mundial abrió oportunidades en profesiones dominadas por hombres, y se unió al programa de geología del petróleo en la Universidad de Michigan, en Ann Arbor. Después de un breve periodo en la industria petrolera,  se convirtió en asistente del laboratorio de geología de la Universidad de Columbia. Allí trabajó con Bruce Heezen para trazar mapas del fondo marino. Tharp cruzó datos de diversas fuentes para descubrir la zona de la grieta oceánica, teoría que al principio no fue muy aceptada.

1980

Luis y **Walter Álvarez** hallan un gran impacto de meteorito que extendió una capa de polvo sobre el planeta, coincidiendo con la extinción de los dinosaurios hace unos 66 millones de años.

1985

Los **lahares**, flujos de lodo volcánico, entierran la ciudad de Armero en Colombia, y matan a 23 000 personas.

1987

Se prohíben los gases de **clorofluorocarbono** (CFC), que destruyen la capa protectora de ozono en la alta atmósfera.

2000

La **teoría del gran impacto** afirma que un planeta más pequeño golpeó la Tierra, lo que provocó que la roca entrase en órbita y se convirtiese en la Luna.

2004

El **tsunami** del 26 de diciembre en el océano Índico mata a 227 000 personas,

Tsunami del Índico

lo que condujo a mejoras en el sistema de alerta de terremotos.

2014

La **nave espacial Rosetta** prueba si los océanos de la Tierra surgieron a raíz de los impactos de cometas. Los resultados indican que no.

2018

La organización **Ocean Cleanup** comienza a recoger desechos plásticos oceánicos.

2019

Las **geociencias** ayudan a conocer otros planetas, mientras la sonda InSight Mars prueba cómo el calor se desplaza por las rocas de Marte.

Nave espacial Rosetta

1984

Identificación del **virus del SIDA** (síndrome de inmunodeficiencia adquirida).

1996

Primera **clonación animal** (la oveja Dolly) en Escocia.

1997

Un **vehículo de exploración** aterriza en Marte.

2000

Se descifra el código genético humano.

2004

Se funda la red social **Facebook**.

2008

Se completa el acelerador de partículas **Gran Colisionador de Hadrones** cerca de Ginebra.

2009

Aparecen **terapias genéticas** que funcionan para problemas médicos.

2010

Se identifican indicadores biológicos, o biomarcadores, para la **enfermedad de Alzheimer**.

2011

Un nuevo planeta capaz de albergar vida, **Kepler-22b**, se descubre a 600 años luz de distancia.

Kepler-22b

2019

Chang'e 4, un vehículo de exploración chino, se convierte en el primer módulo de aterrizaje en posarse sobre el lado oculto de la Luna.

Chang'e 4

2007

El calentamiento global se asume por el Grupo Intergubernamental de Expertos sobre el Cambio Climático.

1980

Los países productores de petróleo del **Medio Oriente** se enriquecen súbitamente.

1989–90

Cae el **muro de Berlín** y Alemania se reunifica.

Muro de Berlín

1985

Se celebra en Londres y Filadelfia el **Live Aid**, el concierto de rock más grande del mundo.

1994

En las primeras elecciones multirraciales de Sudáfrica, Nelson Mandela es elegido presidente.

2001

11 de septiembre: ataque terrorista contra las torres gemelas del World Trade Center de Nueva York, y contra el Pentágono, en Washington DC.

2001

Se estrenan las primeras películas de dos de las series de ficción más vendidas (*Harry Potter* y *El señor de los anillos*).

2010

La **Sagrada Familia** de Antoni Gaudí, en Barcelona, se consagra como basílica

2003

Segunda Guerra del Golfo. EE. UU. lidera la invasión de Irak, que derriba a Saddam Hussein.

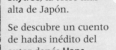

tras la finalización de la bóveda.

2012

Se inaugura la **Tokyo Skytree**, la torre más alta de Japón.

Se descubre un cuento de hadas inédito del autor danés **Hans Christian Andersen**.

Tokyo Skytree

2009

Barack Obama se convierte en el primer presidente afroamericano de EE. UU.

2010

Wikileaks publica material político clasificado.

2017

Donald Trump se convierte en el 45.º presidente de EE. UU., el primero no político desde Dwight D. Eisenhower.

2017

Salvator Mundi, de **Leonardo da Vinci**, se vende en una subasta por un récord de 450,3 millones de dólares.

TED FUJITA

Kitakyush, Japón. 1920-1998. *Escala de fuerza de los tornados.*

Hacia 1945, en los inicios de su carrera en el Instituto de Tecnología de Kyushu, Fujita vivía en Kitakyushu. Esta ciudad estaba destinada a ser el siguiente objetivo estadounidense con un arma nuclear tras Hiroshima, pero debido a la capa de nubes, la segunda bomba cayó sobre Nagasaki. En 1953, Fujita fue invitado a continuar su trabajo en la Universidad de Chicago, donde amplió sus teorías sobre tormentas violentas llamadas reventones y microrráfagas y también diseñó la escala de intensidad de tornados de Fujita. «Señor Tornado», como se le conoció, también ayudó a desarrollar formas de observar tornados y técnicas de topografía para evaluar los daños.

MARIO MOLINA

México D.F. 1943. *Descubrió el agujero de ozono.*

Cuando era niño, Molina creó un laboratorio en el baño de su casa, equipado con microscopios de juguete y juegos de química. Su tía Esther, que era química, lo ayudó con sus experimentos. Estudió ingeniería química en la Universidad Nacional Autónoma de México y se fue a Alemania para obtener un posgrado en cinética de polimerización. Desde allí fue a Berkeley y en 1974 publicó su trabajo sobre gases CFC con Sherwood Rowland. Tras el éxito en 1987 del Protocolo de Montreal para proteger la capa de ozono, ganó el Premio Nobel en 1995 y decenas de premios más.